石楼县
耕地地力评价与利用

康　宇　主编

中国农业出版社
北　京

内容简介

　　本书是对山西省石楼县耕地地力调查与评价成果的集中反映。在充分应用"3S"技术进行耕地地力调查并应用模糊数学方法进行成果评价的基础上，首次对石楼县耕地资源历史、现状及问题进行了分析、探讨。书中应用大量调查分析数据对石楼县耕地地力、中低产田地力、耕地环境质量和主要作物田地状况等做了深入细致的分析，揭示了石楼县耕地资源的本质及目前存在的问题，提出了耕地资源合理改良利用意见。为各级农业科技工作者、各级农业决策者制订农业发展规划，调整农业产业结构，加快绿色、无公害农产品基地建设步伐，保证粮食生产安全，科学施肥，退耕还林还草，进行节水农业、生态农业以及农业现代化、信息化建设提供了科学依据。

　　本书共七章。第一章：自然与农业生产概况；第二章：耕地地力调查与质量评价的内容和方法；第三章：耕地土壤属性；第四章：耕地地力评价；第五章：中低产田类型、分布及改良利用；第六章：耕地地力评价与测土配方施肥；第七章：耕地地力调查与质量评价的应用研究。

　　本书适宜农业、土肥科技工作者以及从事农业技术推广与农业生产管理的人员阅读。

编写人员名单

主　　编：康　宇

副 主 编：郭清平　刘东平

编写人员（按姓氏笔画排序）：

丁利伟　王月梅　王其光　王彦林　王海英

王燕玲　田　野　冯文胜　朱晋霞　刘万莲

刘东平　李泽浩　辛继平　张建芬　张海平

赵丽娟　胡艳梅　贾金梅　高玉珍　郭清平

曹秀林　康　宇　梁石明　韩晓燕

序

　　农业是国民经济的基础，农业发展是国计民生的大事。为适应我国农业发展的需要，确保粮食安全和增强我国农产品竞争的能力，促进农业结构战略性调整和优质、高产、高效、生态农业的发展，针对当前我国耕地土壤存在的突出问题，2009 年，在农业部精心组织和部署下，石楼县开始实施测土配方施肥项目。根据《全国测土配方施肥技术规范》积极开展测土配方施肥工作，同时认真实施耕地地力调查与评价。在山西省土壤肥料工作站、山西农业大学资源环境学院、吕梁市土壤肥料工作站、石楼县土壤肥料工作站广大科技人员的共同努力下，2012 年完成了石楼县耕地地力调查与评价工作。通过耕地地力调查与评价工作的开展，摸清了石楼县耕地地力状况，查清了影响当地农业生产持续发展的主要制约因素，建立了石楼县耕地地力评价体系，提出了石楼县耕地资源合理配置及耕地适宜种植、科学施肥及土壤退化修复的意见和方法，初步构建了石楼县耕地资源信息管理系统。这些成果为全面提高石楼县农业生产水平，实现耕地质量计算机动态监控管理，适时提供辖区内各个耕地基础管理单元土、水、肥、气、热状况及调节措施，提供了数据平台和管理依据。同时，也为各级农业决策者制订农业发展规划，调整农业产业结构，加快绿色食品基地建设步伐，保证粮食生产安全以及促进农业现代化建设提供了第一手科学资料和最直接的科学依据。也为今后大面积开展耕地地力调查与评价工作，实施耕地综合生产能力建设，发展旱作节水农业、测土配方施肥及其他农业新技术普及工作提供了技术支撑。

　　《石楼县耕地地力评价与利用》一书，系统地介绍了石楼县耕地资源评价的方法与内容，应用大量的调查分析资料，分析研究了石楼县耕地资源的利用现状及问题，提出了合理利用的对策和建议。该书集理论指导性和实际应用性为一体，是一本值得推荐的实用技术读物。我相信，该书的出版将对石楼县耕地的培肥和保养、耕地资源的合理配置、农业结构调整及提高农业综合生产能力起到积极的促进作用。

2018 年 1 月

前言

　　耕地是人类获取粮食及其他农产品最重要、不可替代、不可再生的资源，是人类赖以生存和发展的最基本的物质基础，是农业发展必不可少的根本保障。中华人民共和国成立以来，山西省石楼县先后开展了两次土壤普查，为石楼县国土资源的综合利用、施肥制度改革、粮食生产安全做出了重大贡献。近年来，随着农村经济体制的改革以及人口、资源、环境与经济发展矛盾的日益突出，农业种植结构、耕作制度、作物品种、产量水平，肥料、农药使用等方面均发生了巨大变化，产生了诸多如耕地数量锐减、土壤退化污染、次生盐渍化、水土流失等问题。针对这些问题，开展耕地地力评价工作是非常及时、必要和有意义的。特别是对耕地资源合理配置、农业结构调整、保证粮食生产安全、实现农业可持续发展有着非常重要的意义。

　　石楼县耕地地力评价工作，于 2009 年 9 月底开始，至 2012 年 12 月结束，完成了石楼县 4 镇、5 乡，134 个行政村的 41.42 万亩*耕地的调查与评价任务，3 年共采集土样 3 700 个，并调查访问了 300 个农户的农业生产、土壤生产性能、农田施肥水平等情况；认真填写了采样地块登记表和农户调查表，完成了 3 700 个样品常规化验、中微量元素分析化验、数据分析和收集数据的计算机录入工作；基本查清了石楼县耕地地力、土壤养分、土壤障碍因素状况，划定了石楼县农产品种植区域；建立了较为完善的、可操作性强的、科技含量高的石楼县耕地地力评价体系，并充分应用 GIS、GPS 技术初步构筑了石楼县耕地资源信息管理系统；提出了石楼县耕地保护、地力培肥、耕地适宜种植、科学施肥及土壤退

---

　　* 亩为非法定计量单位，1 亩＝1/15 公顷。——编者注

化修复办法等；形成了具有生产指导意义的多幅数字化成果图。收集资料之广泛、调查数据之系统、成果内容之全面是前所未有的。这些成果为全面提高石楼县农业工作的管理水平，实现耕地质量计算机动态监控管理，适时提供辖区内各个耕地基础管理单元土、水、肥、气、热状况及调节措施，提供了数据平台和管理依据。同时，也为各级农业决策者制订农业发展规划，调整农业产业结构，加快绿色食品基地建设步伐，保证粮食生产安全，进行耕地资源合理改良利用，科学施肥及退耕还林还草、节水农业、生态农业、农业现代化建设提供了第一手科学资料和最直接的科学依据。

为了将调查与评价成果尽快应用于农业生产，我们在全面总结石楼县耕地地力评价成果的基础上，引用大量成果应用实例和第二次土壤普查、土地详查有关资料，编写了《石楼县耕地地力评价与利用》一书。首次比较全面系统地阐述了石楼县耕地资源类型、分布、地理与质量基础、利用状况、改善措施等。并将近年来农业推广工作中的大量成果资料录入其中，从而增加了该书的可读性和可操作性。

在本书编写的过程中，承蒙山西省省土壤肥料工作站、山西农业大学资源环境学院、吕梁市土壤肥料工作站、石楼县农业委员会土壤肥料工作站广大技术人员的热忱帮助和支持，特别是石楼县土壤肥料工作站的工作人员在土样采集、农户调查、数据库建设等方面做了大量的工作。王福平安排部署了本书的编写，由李泽浩、郭清平、韩晓燕完成编写工作。参与野外调查和数据处理的工作人员有刘万莲、张海平、王彦林、刘东平等。土样分析化验工作由山西省农业科学院农业环境与资源研究所重点实验室、石楼县土壤肥料工作站化验室、汾阳市金土地生物科技有机肥有限公司完成。图形矢量化、土壤养分图、数据库和地力评价工作由山西农业大学资源环境学院和山西省土壤肥料工作站完成。野外调查、室内数据汇总、图文资料收集和文字编写工作由石楼县土壤肥料工作站完成，在此一并致谢。

编　者

2018 年 1 月

目 录

第一章 自然与农业生产概况

第一节 自然与农村经济概况

一、地理位置与行政区划

石楼县位于吕梁山西麓，黄河东岸，地理坐标为北纬 $36°52'\sim37°13'$、东经 $110°22'\sim111°06'$。东以黄云山、石楼山为界，与交口县相邻，南与隰县、永和县接壤；北与中阳县、柳林县毗连；西隔黄河与陕西省清涧县相望。总面积 1 808 平方千米，辖 4 个镇、5 个乡，分别为灵泉镇、罗村镇、义牒镇、小蒜镇、龙交乡、和合乡、前山乡、曹家垣乡、裴沟乡。

表 1-1 石楼县行政区划与人口情况（2012 年）

乡（镇）	总人口（人）	村民委员会（个）	户数（户）
灵泉镇	40 963	32	12 260
罗村镇	11 857	15	3 117
义牒镇	5 773	8	1 527
小蒜镇	11 694	17	3 356
龙交乡	10 545	14	3 107
和合乡	9 985	13	2 453
前山乡	9 312	14	2 481
曹家垣乡	6 760	9	1 625
裴沟乡	9 204	12	2 792
总　计	116 093	134	32 718

二、地形地貌

石楼县地形地貌形态总的特点为西高东低。根据地貌成因及形态特征，全县地貌可分为以下 3 种类型。

1. 基岩中山区　基岩中山区占全县总面积的 22%。主要由石灰岩、变质岩和盖层组成，山体高峻陡峭、雄伟壮观、森林丰茂、植被良好，水土保持较好。

2. 土石低山区　土石低山区面积占全县总面积的 59%。主要由石炭系、三叠系砂页岩和后期沉积的黄土组成。地面起伏较大，山坡呈阶梯状，植被稀少，水土流失严重。

3. 黄土丘陵区　黄土丘陵区面积占全县总面积的 19%，主要分布在石楼县海拔

800～1 000米地区，为南东向倾斜的黄土台平面，水土流失严重。

三、土地资源概况

据2010年统计资料。石楼县总面积为1 808平方千米。

石楼县属西北黄土高原丘陵沟壑区，其海拔高度随基岩倾斜方向由东向西递减。由于古生代的海拔变迁和中生代燕山运动，使吕梁山构造隆起、岩层西倾，黄河河道下切，形成了石楼县境内的基岩东北高西南底。覆盖在各种地貌上的第四纪黄土层，久经风雨和流水的侵蚀剥蚀，被逐渐切割成梁峁起伏、沟壑纵横、山丘交错、支离破碎的复杂地貌单元。

四、自然条件与水文条件

（一）气候

石楼县地处中纬度暖温带大陆性季风气候区，具有冬季干寒、夏季炎热、春旱频繁、秋雨充沛、四季分明的气候特征。见表1-2。

表1-2 石楼县气象资料统计

年度	年日照时数（小时）	年平均气温（℃）	7月平均气温（℃）	1月平均气温（℃）	年无霜期（天）	年蒸发量（毫米）	年降水量（毫米）
1980年前平均	2 436.1	10.5	24.4	−6.3	180	1 833.6	486.7
1999	2 654	11.9	25.2	−4.8	161	2 436.2	242.1
2000	2 525.5	10.9	25.9	−8.0	183	2 167.8	492.0
2001	2 555.0	12.4	26.8	−4.2	181	2 614.0	332.6
2002	2 581.6	11.49	25.4	−2.3	243	2 301.2	420.0
2003	2 448.4	10.5	24.4	−7.3	204	1 924.5	680.7
2004	2 748.0	10.87	23.7	−5.7	213	2 253.6	397.1
2005	2 950.9	10.84	26.5	−7.8	204	2 379.2	349.0
2006	2 546.6	10.5	24.4	−7.3	247	2 302.3	417.6
2007	2 445.0	11.25	23.7	−5.6	212	2 108.8	539.0
2008	2 382.1	10.4	25.4	−7.6	129	2 017.2	449.6
2009	2 452.1	10.7	24.6	−6.5	224	2 122.27	649.6
2010	2 551.6	10.6	26.6	−4.9	239	2 047.7	410.2
平均值	2 570.0	11.0	25.2	−6.0	203	2 223.0	448.0
最大值	2 950.9	12.4	26.8	−2.3	247	2 614.0	680.7
最小值	2 382.1	10.4	23.7	−8.0	129	1 924.5	242.1

1. 气温 石楼县年平均气温总体呈增高趋势。1980年前，年平均气温10.5℃，最冷月（1月）平均气温为−6.3℃，最热月（7月）平均气温为24.4℃，极端最高气温

38.0℃（1977 年 7 月），极端最低气温－20.1℃（1980 年 1 月）。年≥5℃的积温为
4 115.9℃（日数 222 天），年≥10℃的积温为 3 789.7℃（日数 189 天）。平均无霜期为
180 天，初霜冻为 10 月中旬，终霜冻日为 4 月中旬。1999—2010 年，年平均气温 11℃，
最冷月（1 月）平均气温为－6℃，最热月（7 月）平均气温为 25.2℃，年平均无霜期为
203 天，初霜冻为 11 月上旬，终霜冻日为 4 月中旬。

2. 地温　石楼县地表 10 厘米以下，年平均土温为 11.6℃，略高于气温。7 月最高地
温平均为 29.5℃，1 月最低地温平均为－6.9℃，一般冻土深度为 70 厘米，极端冻土深度
为 95 厘米。

3. 日照　石楼县年平均日照时数总体呈增加趋势。1980 年前年平均日照时数为
2 436.1 小时，总辐射量为 139.9 千卡/（平方厘米·年），最长为 2 648.6 小时（1965
年），最短为 1 834.8 小时（1964 年）。5 月日照时数最多，平均为 242.6 小时；2 月最少，
平均为 159.8 小时。1999—2010 年，年平均日照时数为 2 570 小时。

4. 降水量、蒸发量与风力　年平均降水量总体呈减少趋势。1980 年前，年平均降水
量为 486.7 毫米，最大降水量 676.8 毫米（1964 年），最小降水量 302.83 毫米（1965
年）。1999—2010 年，年平均降水量为 448 毫米，最大降水量 680.7 毫米（2003 年），最
小降水量 242.1 毫米（1999 年）。降水一般集中在 7～9 月，占全年降水量的 70%，12 月
至翌年 3 月的降水只占全年降水的 5%。

蒸发量大于降水量是石楼县半干旱大陆性季风气候的显著特点。1980 年前，年平均
蒸发量为 1 833.6 毫米，是年降水量的 3.8 倍；5～6 月蒸发量最大，月平均为 300～400
毫米；1 月和 12 月最小，月平均为 50 毫米左右。1999—2010 年，年平均蒸发量为 2 223
毫米，是年降水量的 5 倍。降水少、蒸发大，是造成石楼县十年九旱的重要原因。年平均
相对湿度 55%，干燥度 1.28。

全年风向以西北风为主，平均风速为 2 米/秒，最大风速 3.4 米/秒（5～7 月），最小
风速 1.1 米/秒（12 月），极端最大风速为 20 米/秒。

（二）成土母质

石楼县成土母质主要有以下几种：

1. 马兰黄土　以风积物为主，颜色灰黄，质地均一，无层理，不含沙砾，以粉沙为
主，碳酸盐含量较高，有小粒状的石灰性结核。分布于县境内的各个区域，主要在山地
区、残垣区。

2. 离石黄土　在马兰黄土覆盖层下多有离石黄土，颜色红黄，质地较细，常有棱块、
棱柱状结构，碳酸盐含量较少，中性或微碱性，其中常含有红色黏土性条带，为埋藏古褐
土，并夹有大小不等的石灰结核或成层的石灰结核，分布于县境内的各个区域，主要在丘
陵沟壑区。

3. 洪积物　是山区或丘陵区因暴雨汇成山洪造成大片侵蚀地表，搬运到山麓坡脚的
沉积物。往往谷口沉积矿石和粗沙物质，沉积层次不清，而较远的洪积扇边缘沉积的物质
较细，或粗沙粒较多的黄土性物质，层次较明显，主要分布于全县沟谷地。

4. 冲积物　是风化碎屑物质、黄土等经河流侵蚀、搬运和沉积而成。由于河水的分
选，造成不同质地的冲积层理，一般粗细相间，在水平方向上，越近河床越粗，在垂直剖

面上沙黏交替。主要分布于三川河、黄河两岸的河漫滩和一级阶地。

（三）河流与地下水资源

石楼县水文地质属于两种区域：黄土覆盖的低山丘陵区和松散物堆积的河平川区。丘陵剖面多为"二元结构"，由上部的第四纪次生黄土、第三纪红土砾石层和下部的三叠纪、二叠纪、石炭纪和沉积岩层组成。这些岩层中含有不太丰富的孔隙裂隙水，常常在沟谷底部呈下降泉出露，流量一般小于1千克/秒。河床冲积层中孔隙水储量较丰富，但面积不大，局限于三川河沿岸。地下水多以泉水出露，通过河沟排出，潜水蒸发相对较少。大部面积为贫水区和极贫水区，贫水区面积1 052平方千米，极贫水区222平方千米，较富水区仅13平方千米。

石楼县东西有河流通过，有利于接受层间水及自然降水的补给。因年降水多集中于夏、秋之际，所以季节性的河流、沟壑洪水较大，对地形地貌的侵蚀和形成起很大作用。

（四）自然植被

植被随地形的差异有所不同。石楼县因耕作历史悠久，自然植被稀少，主要植被类型的分布概况如下。

1. 海拔1 250米以上的山地区 有松柏、次生杨树、醋柳、黄刺玫等。天然植被面积仅有3 000余亩；在坡度较缓的山坡上，多有人工营造的植被；在农耕地上，主要种植谷子、大豆、马铃薯等农作物。

2. 黄土丘陵区 该区为主要农耕区，自然植被稀少，仅残存于少数非耕地和荒坡崖畔。主要草本植被有艾、蒿、狗尾草、败酱草、羊草、地榆、薹草、甘草、铁秆蒿等；在沟底下湿处，有苦马豆、野生大豆、白茅、马兰、野艾等；在悬崖和陡壁上，有麻黄、酸枣、枸杞、臭椿及文冠果等少数稀疏乔、灌木。在农耕地上，主要种植谷子、大豆、马铃薯等农作物和红枣、核桃、苹果、梨等经济林。

3. 川谷地区 该区地势平坦，水源丰富，海拔较低，地下水位较高，人口密度大，居民点集中，土壤肥沃，适宜种植各种作物，是全县良好的农业耕作区。残存的自然植被仅散于河畔、渠旁、路边。主要有青蒿、披碱草、碱蓬、芦苇、稗草、苦菜、铁线莲、田旋花、苍耳、野生大豆等。另外有人工栽植的杨、柳、榆、槐等乔木，分布于村旁、路边、田畔。在农耕地上，主要种植蔬菜、瓜类和粮食作物。

五、农村经济概况

2012年，石楼县粮食作物播种面积39.02万亩，比计划面积33.2万亩增加5.82万亩，增长17.5%。其中，玉米11.3万亩，产量3 955万千克；谷子9.2万亩，产量1 150万千克；豆类7万亩，实现产量507.5万千克；薯类4万亩，产量320万千克；高粱1万亩，产量400万千克；小麦0.78万亩，产量117万千克；其他粮食作物5.74万亩，产量273.5万千克。实现粮食总产6 723万千克。按统计局统计，全年粮食总产0.39亿千克计算，比计划的0.26亿千克增产0.13亿千克，增长50%。

第二节　农业生产概况

一、农业发展历史

石楼县农业历史悠久，据县境出土的仰韶文化遗址表明早在新石器时代，石楼县就有人类刀耕火种；在春秋战国时期当地人就从事古老的传统农业。

二、农业发展现状与问题

石楼县总面积 1 808 平方千米，耕地面积 41.42 万亩。2010 年粮食总产量为 32 957 吨，油料作物总产量为 2 173 吨，棉花总产量 200 吨，总产量为 1 000 吨，农民人均纯收入 1 403 元。石楼县主要农作物总产量见表 1-3。

表 1-3　石楼县主要农作物总产量

年份	粮食（吨）	油料（吨）	棉花（吨）	瓜菜（吨）	猪牛羊肉（吨）	农民人均纯收入（元）
1986	23 519	3 560	301	750	3 390	876
1991	25 367	3 218	298	756	3 468	935
1996	28 419	3 007	271	779	3 496	946
2001	29 041	2 824	260	795	3 518	1 038
2004	29 863	2 268	251	812	3 608	1 108
2009	30 457	2 248	245	867	3 675	1 205
2010	32 957	2 173	200	1 000	3 875	1 403

2012 年，石楼县有林地面积 193.78 万亩，其中现有林木面积 134.82 万亩（林地面积 51.58 万亩，疏林地面积 5.25 万亩，灌木林地面积 13.87 万亩，未成林造林地面积 59.48 万亩，其他林地面积 4.64 万亩），森林覆盖率 19.8%，林木绿化率 46.5%。全县退耕还林总面积 67.6 万亩，其中，退耕地造林 20.7 万亩、荒山荒地造林 46.9 万亩、封山育林 1 万亩，是山西省退耕还林第一大县。经济林总面积 48.9 万亩，农民人均达到 4.2 亩，其中红枣林 25 万亩、核桃林 18.7 万亩，其他经济林 5.2 万亩，育苗面积达到 8 100 亩，是全省人均经济林面积最大的县。年可产核桃 210 万千克，红枣 1 150 万千克，林果业总产值达 1.11 亿元，农民人均增收 1 172 元。

2012 年，石楼县畜禽养殖户累计达到 3 200 余户，其中较大规模以上的有 970 余户，灵泉镇万只鸡场 1 个，龙交乡兴东垣百头养牛场 1 个，养蚕户 50 户，土鸡养殖户 6 户，养蜂户有 281 户、养蜂 5 000 余箱。肉类产量 3 388 吨，禽蛋产量 2 900 吨，蜂蜜产量 400 吨，奶类产量 85 吨，产值 1.35 亿元。

从石楼县农业发展的历史和现状分析，目前主要存在以下 4 方面的问题：

①农业生产发展不稳定。农作物播种面积不稳定，原因是由于干旱频繁发生，致使部

分作物无法入种。作物产量不稳定，原因是农田综合基础条件、生产能力和抵御自然灾害的能力低，因此产量随着年降水量的增减而波动。

②作物播种面积、产量总体呈减少趋势。农作物播种面积不断减少，原因是随着经济的发展，以往综合基础条件好的耕地被居民区、工业园区、交通要道所占用，使耕地面积逐渐减少。作物产量不稳定，近年来由于农业生产比较效益下降，耕地荒芜现象严重，因此播种面积不断减少。粮食作物产量、蔬菜产量总体呈下降趋势，原因是从事农业生产的人员数量减少、水平不高，大多数为老年男人和妇女，耕地投入水平低，经营粗放。

③农业生产能力低。作为农业生产最重要生产资料的耕地，立地条件差、肥力水平低；作为农业生产最重要手段的机械，数量少、功率小，农业现代化水平低；作为农业生产最重要的劳动力，年龄大、水平低；作为农业生产主体的农民，经济基础差、市场意识水平低等。

④对农业生产不重视。由于农业生产比较效益低，气候变化或市场发生危机时就亏本，因此农民对发展农业生产没有积极性。政府虽然以各种方式增加对农业的投入和对农民的优惠，但远赶不上物价上涨和社会整体消费水平上涨的速度；各行、各业政府支持发展保险事业，但范围最广、整体风险最大的农业生产得不到保障。

第三节　耕地利用与保养管理

一、主要耕作方式及影响

石楼县的农田耕作方式主要是一年一作。种植作物以秋粮为主，主要种植玉米、谷子、大豆、马铃薯、蔬菜、瓜类。作物收获后，在冬前或第二年春季进行深耕，深度一般可达 20 厘米以上，深耕有利土壤接纳雨雪、打破犁底层、加厚活土层、去除杂草。

二、耕地利用现状，生产管理及效益

（一）耕地利用现状

石楼县耕地种植农作物主要有玉米、谷子、杂粮、蔬菜、棉花、油料。耕作制度为一年一作。

据 2012 年统计资料，粮食作物总播种面积 39.02 万亩。其中，玉米 15 万亩，总产量 6 万吨，平均亩产 400 千克；谷子 6.8 万亩，总产量 1.36 万吨，亩产 200 千克；豆类 2 万亩，总产量 0.2 万吨，平均亩产 100 千克；薯类 4 万亩，总产量 1.2 万吨，平均亩产 300 千克；高粱 0.72 万亩，总产量 0.36 万吨，平均亩产 500 千克；小麦 1.7 万亩，总产量 0.22 万吨，平均亩产 130 千克；糜黍 5 万亩，总产量 1.25 万吨，平均亩产 250 千克；蔬菜 1 万亩，总产量 1 万吨，平均亩产 1 000 千克；油料 2.8 万亩，总产量 0.56 万吨，平均亩产 200 千克。

目前，农业生产总体管理水平不高，基本延续着传统的深耕—播种—施肥—锄草的管理办法，手段主要是人工操作。由于农业生产比较效益低，真正精耕细作、集约化经营的很少，大部分属于粗放经营。

（二）农业生产效益

1. 粮食作物　如谷子，高肥力地平均亩产 175 千克，每千克售价 3 元，产值 525 元，总投入 325 元，亩纯收入 200 元；中等肥力地平均亩产 150 千克，每千克售价 3 元，产值 450 元，总投入 300 元，亩纯收入 150 元；低肥力地平均亩产 125 千克，每千克售价 3 元，产值 375 元，总投入 275 元，亩纯收入 100 元。

2. 薯类　如马铃薯，高肥力地平均亩产 2 000 千克，每千克售价 1 元，产值 2 000 元，总投入 600 元，亩纯收入 1 400 元；中等肥力地平均亩产 1 500 千克，每千克售价 1 元，产值 1 500 元，总投入 500 元，亩纯收入 1 000 元；低肥力地平均亩产 750 千克，每千克售价 1 元，产值 750 元，总投入 450 元，亩纯收入 300 元。

三、施肥现状与耕地养分演变

石楼县大田施肥呈农家肥施用量下降的趋势。1971 年底，全县有大牲畜 6 888 头，猪 21 170 头，羊 110 973 只，兔 5 723 只，家禽 19.2 万只。随着社会的发展，农村养殖业也稳步发展，到 1986 年全县有大牲畜 9 000 头，猪 36 164 头，羊 71 745 只，兔 14 579 只，家禽 20.21 万只。从 1987 年开始，随着农业机械化水平的提高，大牲畜呈下降趋势，到 2010 年，全县仅有大牲畜 2 283 头，猪 28 613 头，羊 36 597 只，家禽 253 861 只。因此，大田农家肥施用呈下降的趋势，目前大田土壤中有机质含量的增加主要依靠秸秆还田。化肥的使用量，虽然呈逐年增加的趋势，但总体使用量不足。据统计资料，全县化肥施用量（实物），1971 年为 3 200 吨，1998 年为 16 121 吨，1999 年为 10 916 吨，2006 年为 12 691 吨，2009 年为 13 397 吨，2010 年为 12 057 吨。2010 年，按耕地面积，全县平均亩施化肥仅 21.3 千克。过去，农民在施肥上存在着重氮、轻磷、不施钾的问题。从 2008 年开始实施农业部测土配方施肥项目以来，经过广大技术人员的宣传、培训和市场上复合肥、复混肥的供给以及专用配方肥料的示范推广，使全县农民初步认识到配方施肥的科学性和可行性，施肥比例逐步趋于合理，但也仍然存在使用总量不足、氮肥比例偏大的问题。

由于石楼县多年来总体施肥水平低、秸秆还田面积小，因此耕地养分水平没有得到提高。2008—2010 年，全县耕地耕层土壤养分测定结果与 1982 年第二次全国土壤普查比较：土壤有机质由 6.42 克/千克上升到 12.77 克/千克，全氮由 0.43 克/千克上升到 0.64 克/千克，有效磷由 7.31 毫克/千克上升到 8.42 毫克/千克，速效钾由 169 毫克/千克下降到 140.22 毫克/千克。随着测土配方施肥技术的全面推广应用，土壤肥力会不断提高。

四、农田环境质量与历史变迁

（一）空气

2012 年石楼县空气质量一级天数为 88 天，二级天数为 268 天，三级天数为 6 天。首要污染物为 SO_2。

（二）土壤

2007 年和 2009 年按照上级安排，开展了基本农田城市郊区环境质量检测、农产品产地工矿企业区环境安全普查工作，在石楼县范围内安排了 240 个点位，进行了耕地质量调查。经山西农业大学化验分析，石楼县耕地重金属等污染情况是［浓度限值按《土壤环境质量标准》（GB 15618—1995）二级标准］：各乡（镇）单项污染指数变幅为 0.037～0.757，综合污染指数均变幅为 0.321～0.580。除薛村镇薛村 1 个点铅单项污染指数为 1.049 外，其余各乡（镇）各点污染因子均未超标，且均属安全级，土壤目前无污染。对全县 240 个点位分析，属于安全的有 239 个点位，属于警戒限的有 1 个点位。

（三）灌溉水

2007 年和 2009 年按照上级安排，开展了基本农田城市郊区环境质量检测、农产品产地工矿企业区环境安全普查工作。县域内农田灌溉主要河流为三川河、黄河、屈产河，沿线的农田灌溉水安排了 29 个点位。选择了 pH、全盐量、全氮、硝态氮、铵态氮、全磷、汞、镉、砷、镉、铬、铜、锌、镍、化学耗氧、氟化物、硫化物、氰化物 18 个项目，进行灌溉水质量调查。经山西农业大学化验分析，石楼县农田灌溉水污染物含量情况是［标准采用《农田灌溉水质标准》（GB 5084—92）中规定的浓度限值］：综合污染指数变幅为 0.586～0.838，主要污染因子为铅、铬和全盐量，各种污染物含量均在标准限量内。从样本总体来看，三川河在石楼县境内从上游到下游污染在增加。

（四）农田环境质量的历史变迁

1980—2000 年随着经济高速发展，石楼县工业发展很快，给农业生态环境带来严重污染。2000 年以后，随着各级政府环保力度的加大，不达标的土炼焦、砖炉全部关闭，小型煤矿进行了整合。工业企业下达了环保全面达标的要求，进行了工业企业主要污染排放达标验收，为农田环境日益好转，打下了基础。

五、耕地利用与保养管理简要回顾

20 世纪 70 年代，根据石楼县坡地面积大、坡度陡、水土流失严重的实际情况，开展了以坡改梯为主要内容的"农业学大寨"运动，全县建设人工梯田 10 余万亩，对部分沟道进行了闸沟打坝，有效防治了耕地土、肥、水的流失。

1982 年土壤普查后，根据普查结果，提出了防治水土流失和土壤改良利用分区意见。通过造林种草、增加植被，兴修梯田、拦截坡水，闸沟打坝、淤滩造地，深耕改土、提高蓄水等措施防治水土流水。按土壤属性、自然条件、主要存在问题，将全县土壤改良利用类型划分为山地灰褐土造林种草土区、垣地灰褐土保垣平地培肥土区、丘陵灰褐土性土水保综合治理土区、川谷草甸土园田化土区 4 个土区，并按治理措施进一步划分为 12 个土片。

20 世纪 90 年代，随着农业机械化的发展，开展了以缓坡地改机修梯田为主要内容的农田基本建设，全县累计建设机修梯田 10 余万亩。同时对部分沟道进行了扎沟打坝，不仅有效防治了耕地土、肥、水的流失，而且为农业机械的使用创造了条件。2000 年以来，土地综合整治各种项目的实施，进一步优化了耕地作业条件，为耕地的深耕、施肥创造了条件，使个别区域的耕地综合生产能力得到了提高。特别是 2008 年，随着测土配方施肥项目的实施，使全县施肥更合理。近年来，随着科学发展观的贯彻落实，环境保护力度和政府对农业投入不断加大，加上退耕还林等生态措施的实施，农业生产环境得到了有效改善，农田环境日益好转。通过一系列有效措施，全县耕地生产正逐步向优质、高产、高效、安全的水平发展。

第二章 耕地地力调查与质量评价的内容和方法

根据《耕地地力调查与质量评价技术规程》（以下简称《规程》）和《全国测土配方施肥技术规范》（以下简称《规范》）的要求，通过肥料效应田间试验、样品采集与制备、田间基本情况调查、土壤与植株测试、肥料配方设计、配方肥料合理使用、效果反馈与评价、数据汇总、报告撰写等内容、方法与操作规程和耕地地力评价方法的工作过程，进行耕地地力调查和质量评价。本次调查和评价是基于 4 个方面进行的。一是通过耕地地力调查与评价，合理调整农业结构、满足市场对农产品多样化、优质化的要求以及经济发展的需要；二是全面了解耕地质量现状，为无公害农产品、绿色食品、有机食品生产提供科学依据，为人民提供健康安全食品；三是针对耕地土壤的障碍因子，提出中低产田改造、防止土壤退化及修复已污染土壤的意见和措施，提高耕地综合生产能力；四是通过调查，建立全县耕地资源信息管理系统和测土配方施肥专家咨询系统，对耕地质量和测土配方施肥实行计算机网络管理，形成较为完善的测土配方施肥数据库，为农业增产、增效和农民增收提供科学决策依据，保证农业可持续发展。

第一节 工作准备

一、组织准备

由山西省农业厅牵头成立测土配方施肥和耕地地力调查领导组、专家组、技术指导组，石楼县成立相应的领导组、技术服务组、野外调查队和室内资料数据汇总组。

二、物资准备

根据《规程》和《规范》要求，先后配备了 GPS 定位仪、不锈钢土钻、计算机、钢卷尺、100 立方厘米环刀、土袋、可封口塑料袋、水样瓶、水样固定剂、化验药品、化验室仪器以及调查表格等。并在原来土壤化验室基础上，进行了必要的补充和维修，为全面调查和室内化验分析做好了充分的物资准备。

三、技术准备

领导组聘请山西省农业厅土壤肥料工作站、山西农业大学资源环境学院、朔州市农业局及石楼县土壤肥料工作站的有关专家，组成技术指导组，根据《规程》和《山西省

2005 年区域性耕地地力调查与质量评价实施方案》及《规范》，制订了《石楼县测土配方施肥技术规范》及《耕地地力调查与质量评价技术规程》，编写了技术培训教材。在采样调查前对采样调查人员进行认真、系统的技术培训。

四、资料准备

按照《规程》和《规范》要求，收集了石楼县行政规划图、地形图、第二次土壤普查成果图、基本农田保护区划图、土地利用现状图、农田水利分区图等图件。收集了第二次土壤普查成果资料，基本农田保护区地块基本情况、基本农田保护区划统计资料，大气和水质量污染分布及排污资料，果树、蔬菜、棉花种植面积、品种、产量及污染等有关资料，农田水利灌溉区域、面积及地块灌溉保证率，退耕还林规划，肥料、农药使用品种及数量，肥力动态监测等资料。

第二节　室内预研究

一、确定采样点位

（一）布点与采样原则

为了使土壤调查所获取的信息具有一定的典型性和代表性，提高工作效率，节省人力和资金。采样前参考县级土壤图，进行采样点规划设计，确定采样点位。实际采样时严禁随意变更，若有变更须注明理由。在布点和采样时主要遵循了以下原则：一是布点具有广泛的代表性，同时兼顾均匀性，根据土壤类型、土地利用等因素，将采样区域划分为若干个采样单元，每个采样单元的土壤性状要尽可能均匀一致；二是耕地地力调查；三是尽可能在全国第二次土壤普查时的剖面或农化样取样点上布点；四是采集的样品具有典型性，能代表评价单元最明显、最稳定、最典型的特征，尽量避免各种非调查因素的影响；五是所调查农户随机抽取，按照事先所确定的采样地点寻找符合基本采样条件的农户进行，采样在符合要求的同一农户的同一地块内进行。

（二）布点方法

大田土样采集布点方法　按照全国《规程》和《规范》，结合石楼县实际情况，将大田样点密度定为平均每 100 亩采样 1 个，其中平原区每 207 亩采集土样 1 个、丘陵区每 76 亩采集土样 1 个。实际布设大田样点 3 700 个，具体方法如下：

第一，依据山西省第二次土壤普查土种归属表，把那些图斑面积过小的土种，适当合并至母质类型相同、质地相近、土体构型相似的土种，修改编绘出新的土种图。

第二，将归并后的土种图和土地利用现状图叠加，形成评价单元。

第三，根据评价单元的个数及相应面积，在样点总数的控制范围内，初步确定不同评价单元的采样点数。

第四，在评价单元中，根据图斑大小、种植制度、作物种类、产量水平等因素的不同，确定布点数量和点位，并在图上予以标注。

第五，不同评价单元的取样数量和点位确定后，按照土种、作物品种、产量水平等因素，分别统计其相应的取样数量。当某一因素点位数过少或过多时，再根据实际情况进行适当调整。

二、确定采样方法

（一）大田土样采集方法

1. 采样时间　在大田作物收获后进行。按叠加图上确定的调查点位去野外采集样品。通过向农民实地了解当地的农业生产情况，确定最具代表性的同一农户的同一块田采样，田块面积均在1亩以上，并用GPS定位仪确定地理坐标和海拔高程，记录经纬度，精确到0.1″。依此数据准确修正点位图上的点位位置。

2. 调查、取样　向已确定采样田块的户主，按农户地块调查表格的内容逐项进行调查并认真填写。调查严格遵循实事求是的原则，对那些提供信息不清楚的农户，通过访问地力水平相当、位置基本一致的其他农户或对实物进行核对推算。田间采样路线根据地块形状，采取×形或S形，均匀随机采取15～20个采样点样品，充分混合后，四分法留取1千克组成一个土壤样品，并装入已准备好的土袋中。

3. 采样工具　主要采用不锈钢土钻，采样过程中努力保持土钻垂直，使样点密度均匀，基本符合厚薄、宽窄、数量的均匀特征。

4. 采样深度　为0～20厘米耕作层土样。

5. 采样记录　填写2张标签，土袋内外各具1张，注明采样编号、采样地点、采样人、采样日期等。采样同时，填写大田采样点基本情况调查表和大田采样点农户调查表。

（二）耕地质量调查土样采集方法

根据污染类型及面积大小，确定采样点布设方法。污水灌溉农田采用对角线布点法；固体废物污染农田或污染源附近农田采用棋盘或同心圆布点法；面积较小、地形平坦区域采用梅花布点法；面积较大、地势较复杂区域采用S布点法。每个样品一般由15～20个采样点样品组成，面积大的适当增加采样点。采样深度一般为0～20厘米。采样同时，对采样地的环境情况进行调查。

（三）土壤容重采样方法

大田土壤选择5～15厘米土层打环刀，打3个环刀。土壤容重点位和大田样点或土壤质量调查样点相吻合。

三、确定调查内容

根据《规范》确定调查内容。调查内容主要有4个方面：一是与耕地地力评价相关的耕地自然环境条件，农田基础设施建设水平和土壤理化性状，耕地土壤障碍因素和土壤退化原因等；二是与农产品品质相关的耕地土壤环境状况，如土壤的富营养化、养分不平衡与缺乏微量元素和土壤污染等；三是与农业结构调整密切相关的耕地土壤适宜性问题等；四是农户生产管理情况调查。

以上资料的获得，一是利用第二次土壤普查和土地利用详查等现有资料，通过收集整理而来；二是采用以点带面的调查方法，经过实地调查访问农户获得；三是对所采集样品进行相关分析化验后取得；四是将农户生产管理情况等调查资料、分析数据等所有资料录入计算机，经过矢量化处理形成数字化图件、插值，使每个地块均具有各种信息。这些资料和信息，对耕地地力评价与耕地质量评价结果及影响因素具有重要意义。通过分析农户投入和生产管理对耕地地力和土壤环境的影响，分析农民现阶段投入成本与效益，有利于提高成果的利用价值。通过对每个地块资源的充实完善，可以从微观角度，对土、肥、气、热、水资源运行情况有更周密的了解，提出管理措施和对策，指导农民进行资源合理利用和分配。通过对全部信息资料的了解和掌握，可以宏观调控资源配置，合理调整农业产业结构，科学指导农业生产。

四、确定分析项目和方法

根据《规程》及《山西省耕地地力调查及质量评价实施方案》和《规范》规定，土壤质量调查样品检测项目为：pH、有机质、全氮、碱解氮、全磷、有效磷、全钾、速效钾、缓效钾、有效硫、阳离子交换量、有效铜、有效锌、有效铁、有效锰、水溶性硼、有效钼17 个项目；其分析方法均按全国统一规定的测定方法进行。

五、确定技术路线

石楼县耕地地力调查与质量评价所采用的技术路线见图 2-1。

（一）确定评价单元

本次调查是基于全国第二次土地调查成果进行的，全县土地利用总图斑数 33 092 个，耕地图斑 15 059 个，平均耕地图斑 27.51 亩。评价以土地利用现状图耕地图斑作为基本评价单元，并将土壤图（1∶50 000）与土地利用现状图（1∶10 000）配准后，用土地利用现状图层提取土壤图层信息。相似相近的评价单元至少采集一个土壤样品进行分析，在评价单元图上连接评价单元属性数据库，用计算机绘制各评价因子图。

（二）确定评价因子

根据全国、省级耕地地力评价指标体系并通过农科教专家论证来选择石楼县县域耕地地力评价因子。

（三）确定评价因子权重

用模糊数学特尔菲法和层次分析法将评价因子标准数据化，并计算出每一评价因子的权重。

（四）数据标准化

选用隶属函数法和专家经验法等数据标准化方法，对评价指标进行数据标准化处理，对定性指标要进行数值化描述。

（五）综合地力指数计算

用各因子的地力指数累加得到每个评价单元的综合地力指数。

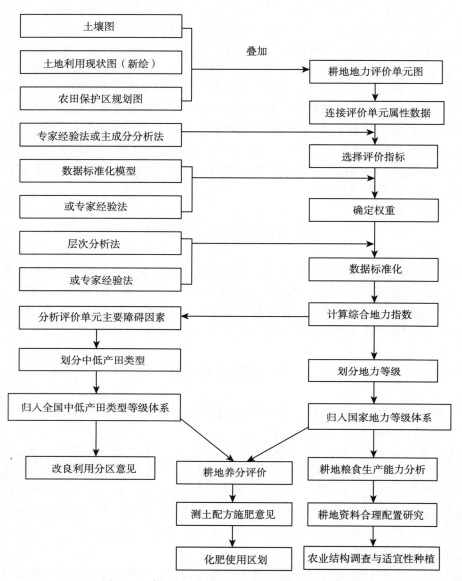

图 2-1　耕地地力调查与质量评价技术路线流程

（六）划分地力等级

根据综合地力指数分布的累积频率曲线法或等距法，确定分级方案，并划分地力等级。

（七）归入全国耕地地力等级体系

依据《全国耕地类型区、耕地地力等级划分》（NY/T 309—1996），归纳整理各级耕地地力要素主要指标，结合专家经验，将各级耕地地力归入全国耕地地力等级体系。

（八）划分中低产田类型

依据《全国中低产田类型划分与改良技术规范》（NY/T 310—1996），分析评价单元耕地土壤主要障碍因素，划分并确定中低产田类型。

（九）耕地质量评价

用综合污染指数法评价耕地土壤环境质量。

第三节　野外调查及质量控制

一、调查方法

野外调查的重点是对取样点的立地条件、土壤属性、农田基础设施条件、农户栽培管理成本、收益及污染等情况全面了解和掌握。

1. 室内确定采样位置　技术指导组根据要求，在 1：10 000 评价单元图上确定各类型采样点的采样位置，并在图上标注。

2. 培训野外调查人员　抽调技术素质高、责任心强的农业技术人员，尽可能抽调参加过第二次土壤普查的人员。经过为期 3 天的专业培训和野外实习，组成 6 支野外调查队，共 24 人参加野外调查。

3. 根据确定的采样位置取样　各野外调查支队根据图标位置，在了解农户农业生产情况基础上，确定具有代表性的田块和农户，用 GPS 定位仪进行定位，依据田块准确方位修正点位图上的点位位置。

4. 按照《规程》《规范》和省级实施方案的规定，填写调查表格，并将采集的样品统一编号，带回室内化验。

二、调查内容

（一）基本情况调查项目

1. 采样地点和地块　地址名称采用民政部门认可的正式名称。地块采用当地的通俗名称。

2. 经纬度及海拔高度　由 GPS 定位仪进行测定。

3. 地形地貌　以形态特征划分为三大地貌类型，即山地、丘陵、残垣。

4. 地形部位　指中小地貌单元。主要包括河漫滩、一级阶地、二级阶地、高阶地、坡地、梁地、垣地、峁地、山地、沟谷、洪积扇（上、中、下）。

5. 地面坡度　依实际情况测算填写具体数值。一般分为 $\leqslant 2.0°$、$2.1°\sim5.0°$、$5.1°\sim8.0°$、$8.1°\sim15.0°$、$15.1°\sim25.0°$、$\geqslant25.0°$。

6. 侵蚀情况　按侵蚀种类和侵蚀程度记载，根据土壤侵蚀类型可划分为水蚀、风蚀、重力侵蚀、冻融侵蚀、混合侵蚀等，侵蚀程度通常分为无明显、轻度、中度、强度、极强度 5 级。

7. 地下水位　指地下水深度，分为通常地下水位、最高地下水位、最低地下水位，依实际情况和比照当地打井深度填写具体数值。

8. 家庭人口及耕地面积　指每个农户实有的人口数量和种植耕地面积（亩）。

（二）土壤性状调查项目

1. 土壤名称 统一按第二次土壤普查时的连续命名法填写，详细到土种。

2. 土壤质地 国际制。全部样品均需采用手摸测定。质地分为沙土、沙壤、轻壤、中壤、重壤、黏土6级。室内选取10%的样品采用比重计法（粒度分布仪法）测定。

3. 土壤结构 分为无结构、团粒状、微团粒状、块状、团块状、核状、柱状、粒状、棱柱状、片状、鳞片状、透镜状等。

4. 剖面构型 指不同土层之间质地构造变化情况。一般可分为通体壤、通体黏、通体沙、黏夹沙、底沙、壤夹黏、多砾、少砾、夹砾、底砾、少姜、多姜等。

5. 耕层厚度 用铁锹垂直铲下去，用钢卷尺按实际进行测量确定。

6. 障碍因素 分为无明显障碍型、灌溉改良型、渍潜稻田型、盐碱耕地型、坡地梯改型、渍涝排水型、沙化耕地型、障碍层次型、瘠薄培肥型。

7. 土壤母质 按成因类型分为冲积物、洪积物、离石黄土、马兰黄土等类型。

（三）农田设施调查项目

1. 田面坡度 依实际情况测算填写具体数值。

2. 农田基础设施 分为完全配套、配套、基本配套、不配套、无设施。

3. 园田化水平 分为地面平坦、园田化水平高，地面基本平坦、园田化水平较高，高水平梯田，缓坡梯田、熟化程度5年以上，新修梯田，坡耕地6种类型。

4. 灌溉能力 分为保灌、能灌、可灌（将来可发展）、无灌（不具备条件或不计划发展灌溉）、不需灌。

5. 水源条件 分为水库、井水、河水、塘堰、集水窖坑、无水源条件。

6. 灌溉方式 分为提水、自流、土渠、U形槽、固定管道、移动管道、简易管道、直灌、无灌溉。

7. 灌溉保证率 分为充分满足、基本满足、一般满足、无灌溉条件4种情况或按灌溉保证率（%）计。

8. 排涝能力 分为保排、能排、可排（将来可发展）、渍涝（不具备条件或不计划发展排涝）、不需排涝。

（四）生产性能与管理情况调查项目

1. 种植（轮作）制度 分为一年一熟、一年二熟等。

2. 作物种类与产量 指调查地块上年度主要种植作物及其平均产量。

3. 耕翻方式及深度 指翻耕、旋耕、耙地、耱地、中耕等。

4. 秸秆还田情况 分翻压还田、覆盖还田等。

5. 设施类型、棚龄或种菜年限 分为薄膜覆盖、塑料拱棚、温室等，棚龄以正式投入使用算起。

6. 上年度灌溉情况 包括灌溉方式、灌溉次数、年灌水量、水源类型、灌溉费用等。

7. 年度施肥情况 包括有机肥、氮肥、磷肥、钾肥、复合（混）肥、微肥、叶面肥、微生物肥及其他肥料施用情况，有机肥要注明类型，化肥指纯养分。

8. 上年度生产成本 包括化肥、有机肥、农药、农膜、种子（种苗）、机械人工及其他。

9. 上年度农药使用情况　农药作用次数、品种、数量。

10. 产品销售及收入情况。

11. 作物品种及种子来源。

12. 生产效益　指当年纯收益。

三、采样数量

在石楼县 41.42 万亩耕地上，共采集大田土壤样品 3 700 个。

四、采样控制

野外调查采样是本次调查评价的关键。按照综合考虑采样的代表性、均匀性和典型性的原则，根据石楼县耕地类型，分别在河谷阶地、沟坝地、人工梯田、机修梯田、坡地、残垣地，并充分考虑不同作物类型、不同地力水平的农田严格按照《规程》和《规范》要求均匀布点，并按图标布点实地核查后进行定点采样。在农田质量调查方面，重点对使用工业水浇灌的农田以及大气污染较重的农田进行加密采样。一般农区按化肥、农药使用情况及种植作物情况"平均"布点。样品采集人员，采集方式、方法，采集使用工具等，整个采样过程严肃认真，达到了《规程》要求，保证了调查采样质量。

第四节　样品分析及质量控制

一、分析项目及方法

（1）pH：土液比 1：2.5，电位法测定。

（2）有机质：采用油浴加热——重铬酸钾氧化容量法测定。

（3）全磷：采用氢氧化钠熔融——钼锑抗比色法测定。

（4）有效磷：采用碳酸氢钠或氟化铵-盐酸浸提——钼锑抗比色法测定。

（5）全钾：采用氢氧化钠熔融——火焰光度计或原子吸收分光光度计法测定。

（6）速效钾：采用乙酸铵浸提——火焰光度计或原子吸收分光光度计法测定。

（7）全氮：采用凯氏蒸馏法测定。

（8）碱解氮：采用碱解扩散法测定。

（9）缓效钾：采用硝酸提取——火焰光度法测定。

（10）有效铜、锌、铁、锰：采用 DTPA 提取——原子吸收光谱法测定。

（11）有效钼：采用草酸-草酸铵浸提——极谱法测定。

（12）水溶性硼：采用沸水浸提——甲亚胺- H 比色法或姜黄素比色法测定。

（13）有效硫：采用磷酸盐-乙酸或氯化钙浸提——硫酸钡比浊法测定。

（14）有效硅：采用柠檬酸浸提——硅钼蓝色比色法测定。

（15）交换性钙和镁：采用乙酸铵提取——原子吸收光谱法测定。

（16）阳离子交换量：采用 EDTA－乙酸铵盐交换法测定。

二、分析测试质量控制

分析测试质量主要包括野外调查取样后样品风干、处理与实验室分析化验质量。为保证分析测试质量，石楼县土壤肥料工作站与汾阳市金土地生物科技有机肥有限公司联合进行化验。

（一）样品风干及处理

常规样品如大田样品，采样后及时放置在干燥、通风、卫生、无污染的室内风干，风干后送化验室处理。

将风干后的样品平铺在制样板上，先将土样中的植物残体、石块、铁锰结核、石灰结核或半风化体等侵入体和新生体剔除干净；后用木棍或塑料棍碾压，并将细小已断的植物须根，用静电吸附的方法清除；最后将风干土样反复碾碎，用 2 毫米孔径筛过筛，留在筛上的碎石称量后保存，同时将过筛的土壤称重，计算石砾质量百分数，并将通过 2 毫米孔径筛的土样混匀后盛于广口瓶内，用于测定。通过 2 毫米孔径筛的土样可供 pH、盐分、交换性阳离子及有效养分等项目的测定。

将通过 2 毫米孔径筛的土样用四分法取出一部分继续碾磨，使之全部通过 0.25 毫米孔径筛，供有机质、全氮等项目的测定。

用于微量元素分析的土样，其处理方法同一般化学分析样品，但在采样、风干、研磨、过筛、运输、储存等诸环节不要接触容易造成样品污染的铁、铜等金属器具。采样、制样使用不锈钢、木、竹或塑料工具，过筛使用尼龙网筛等。

（二）实验室质量控制

1. 测试前采取的主要措施

（1）方案制订：按《规程》要求制订了周密的采样方案，尽量减少采样误差（把采样作为分析检验的一部分）。

（2）人员培训：正式开始分析前，对检验人员进行了为期 2 周的培训。对检测项目、检测方法、操作要点、注意事项进行培训，并进行了质量考核。为检验人员掌握了解项目分析技术、提高业务水平、减少误差等奠定了基础。

（3）收样登记制度：制订了收样登记制度，将收样时间、制样时间、处理方法与时间、分析时间一一登记，并在收样时确定样品统一编码、野外编码及标签等，从而确保了样品的真实性和整个过程的完整性。

（4）测试方法确认（同一项目有几种检测方法时）：根据实验室现有条件，项目要求及分析人员掌握技术情况等，确立符合项目规定的分析方法。

（5）测试环境确认：为减少系统误差，对实验室温度、湿度、试剂、用水、器皿等进行检验，保证其符合测试条件。对有些相互干扰的项目分实验室进行分析。

（6）仪器使用：检测用仪器设备及时进行计量检定，定期进行运行状况检查。

2. 检测中采取的主要措施

（1）仪器使用实行登记制度，并及时对仪器设备进行检查维修和调整。

（2）严格执行项目分析标准或规程，确保测试结果的准确性。

（3）坚持平行试验、必要的重现性试验，控制精密度，减少随机误差。

每个项目开始分析时每批样品均须做 100％平行样品，结果稳定后，平行次数减少 50％，但最少保证做 10％～15％平行样品。每个化验人员都自行编入明码样做平行测定，质控员还编入 10％密码样进行质量控制。

平行双样测定结果的误差在允许范围之内为合格；平行双样测定全部不合格者，该批样品须重新测定；平行双样测定合格率＜95％时，除对不合格的重新测定外，再增加 10％～20％的平行测定率，直到总合格率达 95％。

（4）坚持带质控样进行测定。

①与标准样对照。分析中，每批次样品带标准样 10％～20％，在测定的精密度合格的前提下，标准样测定值在标准保证值（95％的置信水平）范围内为合格，否则本批结果无效，进行重新分析测定。

②加标回收法。对灌溉水样由于无标准物质或质控样品，采用加标回收试验来测定准确度。

③加标率。在每批样品中，随机抽取 10％～20％试样进行加标回收测定。

④加标量。被测组分的总量不得超出方法的测定上限。加标浓度宜高，体积应小，不应超过原定试样体积的 1％。

加标回收率在 90％～110％范围内的为合格。

$$加标回收率（\%）=\frac{测得总量-样品含量}{标准加入量}\times100$$

根据回收率大小，也可判断是否存在系统误差。

（5）注重空白试验：全程空白值是指用某一方法测定某物质时，除样品中不含该物质外，整个分析过程中引起的信号值或相应浓度值。它包含了试剂、蒸馏水中杂质带来的干扰，从待测试样的测定值中扣除，可消除上述因素带来的系统误差。如果空白值过高，则要找出原因，采取其他措施（如提纯试剂、更新试剂、更换容器等）加以消除。保证每批次样品做 2 个以上空白样，并在整个项目开始前按要求做全程空白测定，每次做 2 个平行空白样，连测 5 天共得 10 个测定结果，计算批内标准偏差 S_{wb}。

$$S_{wb}=\left[\sum(X_i-X_{平})^2/m(n-1)\right]^{1/2}$$

式中：n——每天测定平均样个数；

m——测定天数。

（6）做好校准曲线：比色分析中标准系列保证设置 6 个以上浓度点。根据浓度和吸光值按一元线性回归方程 $Y=a+bX$ 计算其相关系数。

式中：Y——吸光度；

X——待测液浓度；

a——截距；

b——斜率。

要求标准曲线相关系数 r≥0.999。

校准曲线控制：①每批样品皆需做校准曲线；②标准曲线力求 r≥0.999，且有良好重现性；③大批量分析时每测 10～20 个样品要用标准液校验，检查仪器状况；④待测液浓度超标时不能任意外推。

（7）用标准物质校核实验室的标准滴定溶液：标准物质的作用是校准。对测量过程中使用的基准纯、优级纯的试剂进行校验。校准合格才能使用，确保量值准确。

（8）详细、如实地记录测试过程：使检测条件可再现、检测数据可追溯。对测量过程中出现的异常情况也及时记录，及时查找原因。

（9）认真填写测试原始记录：测试记录做到如实、准确、完整、清晰。记录的填写、更改均制订了相应制度和程序。当测试由一人读数一人记录时，记录人员复读多次所记的数字，减少误差发生。

3. 检测后主要采取的技术措施

（1）加强原始记录校核、审核：实行"三审三校"制度，对发现的问题及时研究、解决，或召开质量分析会，达成共识。

（2）运用质量控制图预防质量事故发生：对运用均值—极差控制图的判断，参照《质量专业理论与实名》中的判断准则。对控制样品进行多次重复测定，由所得结果计算出控制样的平均值 X 及标准差 S（或极差 R），就可绘制均值—标准差控制图（或均值—极差控制图），纵坐标为测定值，横坐标为获得数据的顺序。将均值 X 作成与横坐标平行的中心级 CL，$X\pm3S$ 为上下警戒限 UCL 及 LCL，$X\pm2S$ 为上下警戒限 UWL 及 LWL。在进行试样列行分析时，每批带入控制样，根据差异判异准则进行判断。如果在控制限之外，该批结果为全部错误结果，则必须查出原因，采取措施，加以消除，除"回控"后再重复测定，并控制错误不再出现。如果控制样的结果落在控制限和警戒限之间，说明精密度已不理想，应引起注意。

（3）控制检出限：检出限是指对某一特定的分析方法在给定的置信水平内，可以从样品中检测的待测物质的最小浓度或最小量。根据空白测定的批内标准偏差（S_{ub}）计算检出限（95％的置信水平）。

①若试样一次测定值与零浓度试样一次测定值有显著性差异时，检出限（L）按下列公式计算：

$$L=2\times2^{1/2}t_fS_{ub}$$

式中：L——方法检出限；

$\quad t_f$——显著水平为 0.05（单侧）、自由度为 f 的 t 值；

$\quad S_{ub}$——批内空白值标准偏差；

$\quad f$——批内自由度，$f=m(n-1)$，m 为重复测定次数，n 为平行测定次数。

②原子吸收分析方法中检出限计算：$L=3S_{ub}$。

③分光光度法以扣除空白值后的吸光值为 0.010 相对应的浓度值为检出限。

（4）及时对异常情况处理：

①异常值的取舍。对检测数据中的异常值，按 GB 4883 标准规定采用 Grubbs 法或 Dixon 法加以判断处理。

②外界干扰（如停电、停水）。检测人员应终止检测，待排除干扰后再重新检测，并记录干扰情况。当仪器出现故障时，故障排除后并校准合格的，方可重新检测。

（5）数据处理：使用计算机采集、处理、运算、记录、报告、存储检测数据时，应制订相应的控制程序。

（6）检验报告的编制、审核、签发：检验报告是实验工作的最终结果，是实验室工作的产品，因此对检验报告质量要高度重视。检验报告应做到完整、准确、清晰、结论正确。必须坚持三级审核制度，明确制表、审核、签发的职责。

除此之外，为保证分析化验质量，提高实验室之间分析结果的可比性，山西省土壤肥料工作站抽查 5%～10% 样品在省测试中心进行复核，并编制密码样，对实验室进行质量监督和控制。

4. 技术交流　在分析过程中，发现问题及时交流，改进方法，不断提高技术水平。

5. 数据录入　分析数据按《规程》和方案要求审核后编码整理，并与采样点一一对照，确认无误后进行录入。采取双人录入、相互对照的方法，保证录入正确率。

第五节　评价依据、方法及评价标准体系的建立

一、评价原则依据

耕地地力评价

经山西省农业厅土壤肥料工作站、山西农业大学资源环境学院及石楼县农业局土壤肥料工作站有关专家评议，石楼县确定了包括立地条件、土壤属性两大因素、8 个因子为耕地地力评价指标。

1. 立地条件　指耕地土壤的自然环境条件，它包含与耕地质量直接相关的地貌类型及地形部位、成土母质、地面坡度等。

（1）地形部位及其特征描述：石楼县由平原到山地垂直分布的主要地形地貌有河流及河谷冲积平原（河漫滩、一级阶地、二级阶地），山前倾斜平原（洪积扇上、中、下等），丘陵（梁地、坡地、卯地等）和山地（石质山、土石山等）。

（2）地面坡度：地面坡度反映水土流失程度，直接影响耕地地力，石楼县将地面坡度依大小分成 6 级（<2.0°、2.1°～5.0°、5.1°～8.0°、8.1°～15.0°、15.1°～25.0°、≥25.0°）进入地力评价系统。

2. 土壤属性

（1）土体构型：指土壤剖面中不同土层间的质地构造变化情况，直接反映土壤发育及障碍层次，影响根系发育、水肥保持及有效供给。

（2）耕层厚度：按其厚度深浅从高到低依次分为 6 级（>30 厘米、26～30 厘米、21～25 厘米、16～20 厘米、11～15 厘米、≤10 厘米）进入地力评价系统。

（3）耕层土壤理化性状：分为较稳定的物理性状（容重、质地、有机质、盐渍化程度、pH）和易变化的化学性状（有效磷、速效钾）两大部分。

①耕层质地。影响水肥保持及耕作性能。按卡庆斯基制的 6 级划分体系来描述，分别为沙土、沙壤、轻壤、中壤、重壤、黏土。

②有机质。土壤肥力的重要指标，直接影响耕地地力水平。按其含量从高到低依次分

为 6 级（＞25.00 克/千克、20.01～25.00 克/千克、15.01～20.00 克/千克、10.01～15.00 克/千克、5.01～10.00 克/千克、≤5.00 克/千克）进入地力评价系统。

③pH。过大或过小均影响作物生长发育。按照石楼县耕地土壤的 pH 范围，按其测定值由低到高依次分为 6 级（6.0～7.0、7.0～7.9、7.9～8.5、8.5～9.0、9.0～9.5、≥9.5）进入地力评价系统。

④有效磷。按其含量从高到低依次分为 6 级（＞25.00 毫克/千克、20.1～25.00 毫克/千克、15.1～20.00 毫克/千克、10.1～15.00 毫克/千克、5.1～10.00 毫克/千克、≤5.00 毫克/千克）进入地力评价系统。

⑤速效钾。按其含量从高到低依次分为 6 级（＞200 毫克/千克、151～200毫克/千克、101～150 毫克/千克、81～100 毫克/千克、51～80 毫克/千克、≤50 毫克/千克）进入地力评价系统。

二、评价方法及流程

耕地地力评价

1. 技术方法

（1）文字评述法：对一些概念性的评价因子（如地形部位、土壤母质、质地构型、土壤质地、梯田化水平、盐渍化程度等）进行定性描述。

（2）专家经验法（特尔菲法）：在山西省农业科教系统邀请土肥界具有一定学术水平和农业生产实践经验的 17 名专家，参与评价因素的筛选和隶属度确定（包括概念型和数值型评价因子的评分），见表 2-1。

表 2-1　耕地地力评价因子

因　子	平均值	众数值	建议值
立地条件（C_1）	1.12	1（14）	1
土体构型（C_2）	3.17	3（7）5（5）	3
较稳定的物理性状（C_3）	4.4	3（8）5（5）	4
易变化的化学性状（C_4）	4.6	5（10）3（4）	5
农田基础建设（C_5）	3.0	3（11）	1
地形部位（A_1）	1.4	1（13）	1
成土母质（A_2）	4.9	3（9）5（5）	5
地面坡度（A_3）	3.1	3（8）5（4）	3
有效土层厚度（A_4）	2.8	2（8）3（6）	3
耕层厚度（A_5）	2.7	3（9）1（3）	3

（续）

因　子	平均值	众数值	建议值
剖面构型（A₆）	2.8	1（10）3（3）	1
耕层质地（A₇）	2.0	1（10）5（2）	1
容重（A₈）	5.9	7（2）5（14）	6
有机质（A₉）	2.1	1（5）3（10）	2
盐渍化程度（A₁₀）	4.0	4（3）3（10）	4
pH（A₁₁）	2.16	3（3）7（7）	2
有效磷（A₁₂）	1.0	1（11）	1
速效钾（A₁₃）	2.9	3（10）1（3）	3
灌溉保证率（A₁₄）	3.0	4（10）	3
园（梯）田化水平（A₁₅）	4.9	5（5）7（7）	5

（3）模糊综合评判法：应用这种数理统计的方法对数值型评价因子（如地面坡度、有效土层厚度、耕层厚度、土壤容重、有机质、有效磷、速效钾、酸碱度、灌溉保证率等）进行定量描述，即利用专家给出的评分（隶属度）建立某一评价因子的隶属函数。见表2-2。

表2-2　石楼县耕地地力评价数值型因子分级及其隶属度

评价因子	量纲	一级	二级	三级	四级	五级	六级
		量值	量值	量值	量值	量值	量值
地面坡度	°	<2.0	2.0～5.0	5.1～8.0	8.1～15.0	15.1～25.0	≥25
有效土层厚度	厘米	>150	101～150	76～100	51～75	26～50	≤25
耕层厚度	厘米	>30	26～30	21～25	16～20	11～15	≤10
土壤容重	克/立方厘米	≤1.10	1.11～1.20	1.21～1.27	1.28～1.35	1.36～1.42	>1.42
有机质	克/千克	>25.0	20.01～25.00	15.01～20.00	10.01～15.00	5.01～10.00	≤5.00
pH		6.7～7.0	7.1～7.9	8.0～8.5	8.6～9.0	9.1～9.5	≥9.5
有效磷	毫克/千克	>25.0	20.1～25.0	15.1～20.0	10.1～15.0	5.1～10.0	≤5.0
速效钾	毫克/千克	>200	151～200	101～150	81～100	51～80	≤50

（4）层次分析法：用于计算各参评因子的组合权重。本次评价把耕地生产性能（即耕地地力）作为目标层（G层），把影响耕地生产性能的立地条件、土体构型、较稳定的物理性状、易变化的化学性状、农田基础设施条件作为准则层（C层），再把影响准则层中各因素的项目作为指标层（A层），建立耕地地力评价层次结构图。在此基础上，由7名专家分别对不同层次内各参评因素的重要性作出判断，构造出不同层次间的判断矩阵。最后计算出各评价因子的组合权重。

（5）指数和法：采用加权法计算耕地地力综合指数，即将各评价因子的组合权重与相应的因素等级分值（即由专家经验法或模糊综合评判法求得的隶属度）相乘后累加，如：

$$IFI = \sum B_i \times A_i (i = 1, 2, 3, \cdots, 15)$$

式中：IFI——耕地地力综合指数；

B_i——第 i 个评价因子的等级分值；

A_i——第 i 个评价因子的组合权重。

2. 技术流程

（1）应用叠加法确定评价单元：把土地利用现状图、土壤图叠加形成的图斑作为评价单元。

（2）空间数据与属性数据的连接：用评价单元图分别与各个专题图叠加，为每一评价单元获取相应的属性数据。根据调查结果，提取属性数据进行补充。

（3）确定评价指标：根据全国耕地地力调查评价指数表，由山西省组织 17 名专家，采用特尔菲法和模糊综合评判法确定石楼县耕地地力评价因子及其隶属度。

（4）应用层次分析法确定各评价因子的组合权重。

（5）数据标准化：计算各评价因子的隶属函数，对各评价因子的隶属度数值进行标准化。

（6）应用累加法计算每个评价单元的耕地地力综合指数。

（7）划分地力等级：分析综合地力指数分布，确定耕地地力综合指数的分级方案，划分地力等级。

（8）归入国家地力等级体系：选择 10％的评价单元，调查近 3 年粮食单产（或用基础地理信息系统中已有资料），与以粮食作物产量为引导确定的耕地基础地力等级进行相关分析，找出两者之间的对应关系，将评价的地力等级归入等级体系《全国耕地类型区、耕地地力等级划分》（NY/T 309—1996）。

（9）采用 GIS、GPS 系统编绘各种养分图和地力等级图等图件。

三、评价标准体系建立

耕地地力评价标准体系建立

1. 耕地地力要素的层次结构 见图 2-2。

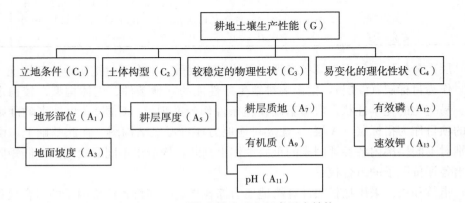

图 2-2 石楼县耕地地力要素层次结构

2. 耕地地力要素的隶属度

（1）概念性评价因子：各评价因子的隶属度及其描述见表 2-3。

表2-3　石楼县耕地地力评价概念性因子隶属度及其描述

地形部位

描述	河漫滩	一级阶地	二级阶地	高阶地	垣地	洪积扇（上、中、下）			倾斜平原	梁地	峁地	坡麓	沟谷
隶属度	0.7	1.0	0.9	0.7	0.4	0.4	0.6	0.8	0.8	0.2	0.2	0.1	0.6

母质类型

描述	洪积物	河流冲积物	黄土状冲积物	残积物	保德红土	马兰黄土	离石黄土
隶属度	0.7	0.9	1.0	0.2	0.3	0.5	0.6

质地构型

描述	通体壤	底沙	壤夹黏	通体黏	沙夹黏	夹砾	底砾	少砾	多砾	少姜	多姜	通体沙	浅钙积	夹白干	底白干
隶属度	1.0	0.7	0.9	0.6	0.3	0.4	0.7	0.8	0.2	0.8	0.2	0.3	0.4	0.4	0.7

耕层质地

描述	沙土	沙壤	轻壤	中壤	重壤	黏土
隶属度	0.2	0.6	0.8	1.0	0.8	0.4

梯（园）田化水平

描述	地面平坦，园田化水平高	地面基本平坦，园田化水平较高	高水平梯田	缓坡梯田，熟化程度5年以上	新修梯田	坡耕地
隶属度	1.0	0.8	0.6	0.4	0.2	0.1

灌溉保证率

描述	充分满足	基本满足	一般满足	无灌溉条件
隶属度	1.0	0.7	0.4	0.1

（2）数值型评价因子：各评价因子的隶属函数（经验公式）见表2-4。

表2-4　石楼县耕地地力评价数值型因子隶属函数

函数类型	评价因子	经验公式	C	Ut
戒下型	地面坡度（°）	$y=1/\left[1+6.492\times10^{-3}\times(u-c)^2\right]$	3.0	$\geqslant25$
戒上型	有效土层厚度（厘米）	$y=1/\left[1+1.118\times10^{-4}\times(u-c)^2\right]$	160.0	$\leqslant25$
戒上型	耕层厚度（厘米）	$y=1/\left[1+4.057\times10^{-3}\times(u-c)^2\right]$	33.8	$\leqslant10$
戒上型	有机质（克/千克）	$y=1/\left[1+2.912\times10^{-3}\times(u-c)^2\right]$	28.4	$\leqslant5.00$
戒下型	pH	$y=1/\left[1+0.515\,6\times(u-c)^2\right]$	7.00	$\geqslant9.50$
戒上型	有效磷（毫克/千克）	$y=1/\left[1+3.035\times10^{-3}\times(u-c)^2\right]$	28.8	$\leqslant5.00$
戒上型	速效钾（毫克/千克）	$y=1/\left[1+5.389\times10^{-5}\times(u-c)^2\right]$	228.76	$\leqslant50$

3. 耕地地力要素的组合权重　应用层次分析法所计算的各评价因子的组合权重见表2-5。

表2-5　石楼县耕地地力评价因子层次分析结果

指标层	准则层				组合权重
	C_1	C_2	C_3	C_4	$\sum C_i A_i$
	0.455 6	0.102 1	0.268 5	0.173 8	1.000 0
A_1 地形部位	0.652 6				0.297 4
A_2 地面坡度	0.347 4				0.158 3
A_3 耕层厚度		1.000 0			0.102 1
A_4 耕层质地			0.380 4		0.102 1
A_5 有机质			0.380 4		0.102 1
A_6 pH			0.239 2		0.064 2
A_7 有效磷				0.686 2	0.119 3
A_8 速效钾				0.313 8	0.054 5

4. 耕地地力分级标准　石楼县耕地地力分级标准见表2-6。

表2-6　石楼县耕地地力等级标准

等　级	生产能力综合指数
一	0.669～0.745
二	0.619～0.669
三	0.491～0.619
四	0.417～0.491
五	0.345～0.417

第六节　耕地资源信息管理系统建立

一、耕地资源信息管理系统的总体设计

耕地资源信息管理系统以一个县行政区域内的耕地资源为管理对象，应用 GIS 技术对辖区内的地形、地貌、土壤、土地利用、农田水利、土壤污染、农业生产基本情况、基本农田保护区等资料进行统一管理。构建耕地资源基础信息系统，并将此数据平台与各类管理模型结合，对辖区内的耕地资源进行系统的动态管理，为农业决策者、农民和农业技术人员提供耕地质量动态变化、土壤适宜性、施肥咨询、作物营养诊断等多方位的信息服务。

本系统行政单元为村，农田单元为基本农田保护块，土壤单元为土种，系统基本管理单元为土壤、基本农田保护块、土地利用现状图叠加所形成的评价单元。

1. 系统结构　见图 2-3。

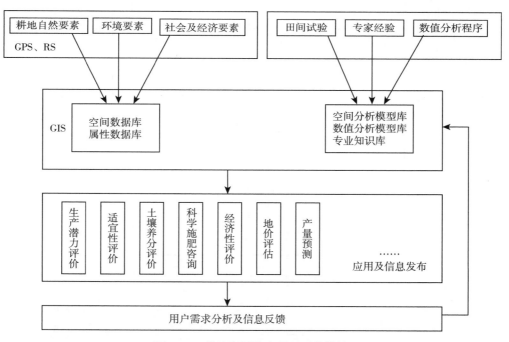

图 2-3　耕地资源信息管理系统结构

2. 县域耕地资源信息管理系统建立工作流程　见图 2-4。

3. 硬件、软件配置

（1）硬件：Intel 双核平台兼容机，≥2G 的内存，≥250G 的硬盘，≥512M 的显存，A4 扫描仪，彩色喷墨打印机。

（2）软件：Windows XP，Excel 2003 等。

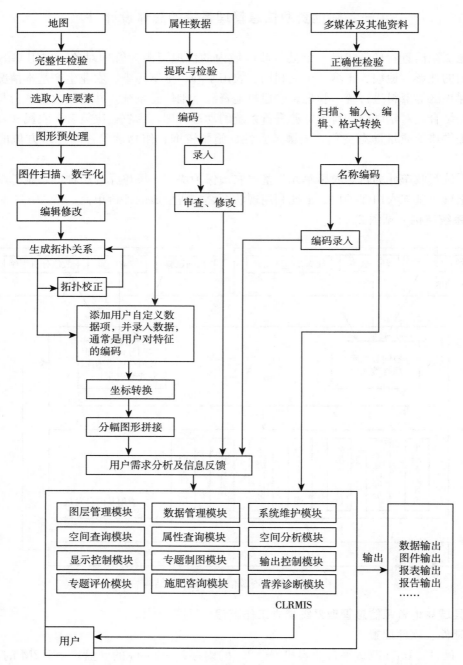

图 2-4　县域耕地资源信息管理系统建立工作流程

二、资料收集与整理

（一）图件资料收集与整理

图件资料指印刷的各类地图、专题图以及商品数字化矢量和栅格图。图件比例尺为1：50 000万和1：10 000 万。

（1）地形图：统一采用中国人民解放军总参谋部测绘局测绘的地形图。由于近年来公路、水系、地形地貌等变化较大，因此采用水利、公路、规划、国土等部门的有关最新图件资料对地形图进行修正。

（2）行政区划图：由于近年撤乡并镇等工作致使部分地区行政区划变化较大，因此按最新行政区划进行修正，同时注意名称、拼音、编码等的一致。

（3）土壤图及土壤养分图：采用第二次土壤普查成果图。

（4）地貌类型分区图：根据地貌类型将辖区内农田分区，采用第二次土壤普查分类系统绘制成图。

（5）土地利用现状图：现有的土地利用现状图（《第二次土地调查数据库》）。

（6）主要污染源点位图：调查本地可能对水体、大气、土壤形成污染的矿区、工厂等，并确定污染类型及污染强度，在地形图上准确标明位置及编号。

（7）土壤肥力监测点点位图：在地形图上标明准确位置及编号。

（8）土壤普查土壤采样点点位图：在地形图上标明准确位置及编号。

（二）数据资料收集与整理

（1）近几年粮食单产、总产、种植面积统计资料（以村为单位）。

（2）其他农村及农业生产基本情况资料。

（3）历年土壤肥力监测点田间记载及化验结果资料。

（4）历年肥情点资料。

（5）县、乡、村名编码表。

（6）近几年土壤、植株化验资料（土壤普查、肥力普查等）。

（7）近几年主要粮食作物、主要品种产量构成资料。

（8）各乡历年化肥销售、使用情况。

（9）土壤志、土种志。

（10）特色农产品分布、数量资料。

（11）主要污染源调查情况统计表（地点，污染类型、方式、强度等）

（12）当地农作物品种及特性资料，包括各个品种的全生育期、大田生产潜力、最佳播期、移栽期、播种量、栽插密度、百千克籽粒需氮量、需磷量、需钾量等，及品种特性介绍。

（13）一元、二元、三元肥料肥效试验资料，计算不同地区、不同土壤、不同作物品种的肥料效应函数。

（14）不同土壤、不同作物基础地力产量占常规产量比例资料。

（三）文本资料收集与整理

（1）全县及各乡（镇）基本情况描述。

（2）各土种性状描述，包括其发生、发育、分布、生产性能、障碍因素等。

（四）多媒体资料收集与整理

（1）土壤典型剖面照片。

（2）土壤肥力监测点景观照片。

（3）当地典型景观照片。

（4）特色农产品介绍（文字、图片）。

（5）地方介绍资料（图片、录像、文字、音乐）。

三、属性数据库建立

（一）属性数据内容

CLRMIS 主要属性资料及其来源见表 2-7。

表 2-7　CLRMIS 主要属性资料及其来源

编号	名　称	来　源
1	湖泊、面状河流属性表	水务局
2	堤坝、渠道、线状河流属性数据	水务局
3	交通道路属性数据	交通局
4	行政界线属性数据	农业局
5	耕地及蔬菜地灌溉水、回水分析结果数据	农业局
6	土地利用现状属性数据	国土局、卫星图片解译
7	土壤、植株样品分析化验结果数据表	本次调查资料
8	土壤名称编码表	土壤普查资料
9	土种属性数据表	土壤普查资料
10	基本农田保护块属性数据表	国土局
11	基本农田保护区基本情况数据表	国土局
12	地貌、气候属性表	土壤普查资料
13	县乡村名编码表	统计局

（二）属性数据分类与编码

数据的分类编码是对数据资料进行有效管理的重要依据。编码的主要目的是节省计算机内存空间便于用户理解使用。地理属性进入数据库之前进行编码是必要的，只有进行了正确编码的空间数据库才能实现与属性数据库的正确连接。编码格式有英文字母与数字组合。本系统主要采用数值表示的层次型分类编码体系，它能反映专题要素分类体系的基本特征。

（三）建立编码字典

数据字典是数据库应用设计的重要内容，是描述数据库中各类数据及其组合的数据集合，也称元数据。地理数据库的数据字典主要用于描述属性数据，它本身是一个特殊用途的文件，在数据库整个生命周期里都起着重要的作用。它避免重复数据项的出现，并提供了查询数据的唯一入口。

（四）数据库结构设计

属性数据库的建立与录入可独立于空间数据库和 GIS 系统，可以在 Access、dBase、Foxbase 和 Foxpro 下建立，最终统一以 dBase 的 dbf 格式保存入库。下面以 dBase 的 dbf 数据库为例进行描述。

1. 湖泊、面状河流属性数据库 lake. dbf

字段名	属性	数据类型	宽度	小数位	量纲
lacode	水系代码	N	4	0	代码
laname	水系名称	C	20		
lacontent	湖泊储水量	N	8	0	万立方米
laflux	河流流量	N	6		立方米/秒

2. 堤坝、渠道、线状河流属性数据 stream. dbf

字段名	属性	数据类型	宽度	小数位	量纲
ricode	水系代码	N	4	0	代码
riname	水系名称	C	20		
riflux	河流、渠道流量	N	6		立方米/秒

3. 交通道路属性数据库 traffic. dbf

字段名	属性	数据类型	宽度	小数位	量纲
rocode	道路编码	N	4	0	代码
roname	道路名称	C	20		
rograde	道路等级	C	1		
rotype	道路类型	C	1		黑色/水泥/石子/土地

4. 行政界线（省、市、县、乡、村）属性数据库 boundary. dbf

字段名	属性	数据类型	宽度	小数位	量纲
adcode	界线编码	N	1	0	代码
adname	界线名称	C	4		

adcode	name
1	国界
2	省界
3	市界
4	县界

| 5 | 乡界 |
| 6 | 村界 |

5. 土地利用现状属性数据库 * landuse. dbf

* 土地利用现状分类表。

字段名	属性	数据类型	宽度	小数位	量纲
lucode	利用方式编码	N	2	0	代码
luname	利用方式名称	C	10		

6. 土种属性数据表 soil. dbf

字段名	属性	数据类型	宽度	小数位	量纲
sgcode	土种代码	N	4	0	代码
stname	土类名称	C	10		
ssname	亚类名称	C	20		
skname	土属名称	C	20		
sgname	土种名称	C	20		
pamaterial	成土母质	C	50		
profile	剖面构型	C	50		

土种典型剖面有关属性数据：

字段名	属性	数据类型	宽度	小数位	量纲
text	剖面照片文件名	C	40		
picture	图片文件名	C	50		
html	HTML 文件名	C	50		
video	录像文件名	C	40		

7. 土壤养分（pH、有机质、氮等）属性数据库 nutr ****. dbf

本部分由一系列的数据库组成，视实际情况不同有所差异，如在盐碱土地区还包括盐分含量及离子组成等。

（1）pH 库 nutrpH. dbf：

字段名	属性	数据类型	宽度	小数位	量纲
code	分级编码	N	4	0	代码
number	pH	N	4	1	

（2）有机质库 nutrom. dbf：

字段名	属性	数据类型	宽度	小数位	量纲
code	分级编码	N	4	0	代码
number	有机质含量	N	5	2	百分含量

（3）全氮量库 nutrN. dbf：

字段名	属性	数据类型	宽度	小数位	量纲
code	分级编码	N	4	0	代码
number	全氮含量	N	5	3	百分含量

（4）速效养分库 nutrP. dbf：

字段名	属性	数据类型	宽度	小数位	量纲
code	分级编码	N	4	0	代码
number	速效养分含量	N	5	3	毫克/千克

8. 基本农田保护块属性数据库 farmland. dbf

字段名	属性	数据类型	宽度	小数位	量纲
plcode	保护块编码	N	7	0	代码
plarea	保护块面积	N	4	0	亩
cuarea	其中耕地面积	N	6		
eastto	东至	C	20		
westto	西至	C	20		
southto	南至	C	20		
northto	北至	C	20		
plperson	保护责任人	C	6		
plgrad	保护级别	N	1		

9. 地貌 * 、气候属性表 landform. dbf

* 地貌类型编码表。

字段名	属性	数据类型	宽度	小数位	量纲
landcode	地貌类型编码	N	2	0	代码
landname	地貌类型名称	C	10		
rain	降水量	C	6		

10. 基本农田保护区基本情况数据表 （略）

11. 县、乡、村名编码表

字段名	属性	数据类型	宽度	小数位	量纲
vicodec	单位编码-县内	N	5	0	代码
vicoden	单位编码-统一	N	11		
viname	单位名称	C	20		
vinamee	名称拼音	C	30		

（五）数据录入与审核

数据录入前仔细审核，数值型资料注意量纲、上下限，地名应注意汉字多音字、繁简体、简全称等问题，审核定稿后再录入。录入后仔细检查，保证数据录入无误后，将数据库转为规定的格式（dBase 的 dbf 格式文件），再根据数据字典中的文件名编码命名后保存在规定的子目录下。

文字资料以 TXT 格式命名保存，声音、音乐以 WAV 或 MID 文件保存，超文本以 HTML 格式保存，图片以 BMP 或 JPG 格式保存，视频以 AVI 或 MPG 格式保存，动画以 GIF 格式保存。这些文件分别保存在相应的子目录下，其相对路径和文件名录入相应的属性数据库中。

四、空间数据库建立

（一）数据采集的工艺流程

在耕地资源数据库建设中，数据采集的精度直接关系到现状数据库本身的精度和今后的应用，数据采集的工艺流程是关系到耕地资源信息管理系统数据库质量的重要基础工作。因此对数据的采集制订了一个详尽的工艺流程。首先，对收集的资料进行分类检查、整理与预处理；其次，按照图件资料介质的类型进行扫描，并对扫描图件进行扫描校正；再次，进行数据的分层矢量化采集、矢量化数据的检查；最后，对矢量化数据进行坐标投影转换与数据拼接工作以及数据、图形的综合检查和数据的分层与格式转换。

具体数据采集的工艺流程见图 2-5。

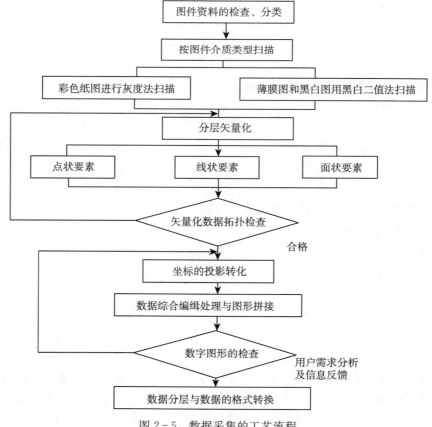

图 2-5　数据采集的工艺流程

（二）图件数字化

1. 图件的扫描　由于所收集的图件资料为纸介质的图件资料，所以采用灰度法进行扫描。扫描的精度为 300dpi。扫描完成后将文件保存为 ＊.TIF 格式。在扫描过程中，为了保证扫描图件的清晰度和精度，对图件先进行预扫描。在预扫描过程中，检查扫描图件的清晰度，其清晰度必须能够区分图内的各要素，然后利用 Lontex Fss8 300 扫描仪自带的 CAD image/scan 扫描软件进行角度校正，角度校正后必须保证图幅下方两个内图廓点的连线与水平线的角度误差小于 0.2°。

2. 数据采集与分层矢量化　对图形的数值化采用交互式矢量化方法，确保图形矢量化的精度。在耕地资源信息管理系统数据库建设中需要采集的要素有点状要素、线状要素和面状要素。由于所采集的数据种类较多，所以必须对所采集的数据按不同类型进行分层采集。

（1）点状要素的采集：点状要素可以分为两种类型，一种是零星地类，另一种是注记点。零星地类包括一些有点位的点状零星地类和无点位的零星地类。对于有点位的零星地类，在数据的分层矢量化采集时，将点标记置于点状要素的几何中心点，对于无点位的零星地类在分层矢量化采集时，将点标记置于原始图件的定位点。农化点位、污染源点位等注记点的采集按照原始图件资料中的注记点，在矢量化过程中一一标注相应的位置。

（2）线状要素的采集：在耕地资源图件资料上的线状要素主要有带有宽度的线状地物界、地类界、行政界线、权属界线、土种界、等高线等，对于不同类型的线状要素，进行分层采集。线状地物主要是指道路、水系、沟渠等，有些线状地物在数据采集时考虑到由于其宽度较宽，如一些较大的河流、沟渠，它们在地图上可以按照图件资料的宽度比例表示；有些线状地物，如一些道路和水系，由于其宽度不能在图上表示，在采集其数据时，则按栅格图上线状地物的中轴线来确定其在图上的实际位置。对地类界、行政界、土种界和等高线数据的采集，保证其封闭性和连续性。线状要素按照其种类不同分层采集、分层保存，以备数据分析时进行利用。

（3）面状要素的采集：面状要素要在线状要素采集后，通过建立拓扑关系形成区后进行，由于面状要素是由行政界线、权属界线、地类界线和一些带有宽度的线状地物界等结构要素所形成的一系列的闭合性区域，其主要包括行政区、权属区、土壤类型区等图斑。所以对于不同的面状要素，应采用不同的图层对其进行数据采集。考虑到实际情况，将面状要素分为行政区层、地类层、土壤层等图斑层。将分层采集的数据分层保存。

（三）矢量化数据的拓扑检查

由于在矢量化过程中不可避免地要存在一些问题，因此，在完成图形数据的分层矢量化以后，要进行下一步工作前，必须对分层矢量化的数据进行拓扑检查。拓扑检查中主要是完成以下几方面的工作：

1. 消除在矢量化过程中存在的一些悬挂线段　在线状要素的采集过程中，为了保证线段完全闭合，某些线段可能出现相互交叉的情况，这些均属于悬挂线段。在进行悬挂线段的检查时，首先使用 MapGIS 的线文件拓扑检查功能，自动对其检查和清除，如果不能自动清除的，则对照原始图件资料进行手工修正。对线状要素进行拓扑检查完成以后，随即由作图员对矢量化的数据与原始图件资料相对比进行检查，如果在检查过程中发现有一些通过拓扑检查所不能解决的问题，或矢量化数据的精度不符合要求的，或者是某些线状要素存在着一定的位移而难以校正的，则对其中的线状要素进行重新矢量化。

2. 检查图斑和行政区等面状要素的闭合性 图斑和行政区是反映一个地区耕地资源状况的重要属性，在对图件资料的面状要素进行数据的分层矢量化采集中，由于图件资料所涉及的图斑较多，有可能存在着一些图斑或行政界的不闭合情况，可以利用 MapGIS 的区文件拓扑检查功能，对分层矢量化采集过程中所保存的一系列区文件进行拓扑检查。拓扑检查过程可以消除大多数区文件的不闭合情况。对于不能自动消除的，通过与原始图件资料的相互检查，进一步消除其不闭合情况。如果通过拓扑检查，可以消除在矢量化过程中所出现的上述问题，则进行下一步工作，如果在拓扑检查以后还存在一些问题，则对其进行重新矢量化，以确保系统建设的精度。

(四) 坐标的投影转换与图件拼接

1. 坐标转换 在进行图件的分层矢量化采集过程中，所建立的是图面坐标系（单位为毫米），而在实际应用中，则要求建立平面直角坐标系（单位为米）。因此，必须利用 MapGIS 所提供的坐标转换功能，将图面坐标转换成为正投影的大地直角坐标系。在坐标转换过程中，为了保证数据的精度，可根据提供数据源的图件精度的不同，在坐标转换过程中采用不同的质量控制方法进行坐标转换工作。

2. 投影转换 区级土地利用现状数据库的数据投影方式采用高斯投影，也就是将坐标转换以后的图形资料，按照大地坐标系的经纬度坐标进行转换，以便以后进行图件拼接。在进行投影转换时，对 1∶10 000 土地利用图件资料，投影的分带宽度为 3°。但是根据地形的复杂程度、行政区的跨度和图幅的具体情况，对于部分图形采用非标准的 3°分带高斯投影。

3. 图件拼接 石楼县提供的 1∶10 000 土地利用现状图是采用标准分幅图，在系统建设过程中应把图幅进行拼接。在图斑拼接检查过程中，相邻图幅间的同名要素误差应小于1 毫米，这时移动其任何一个要素进行拼接，同名要素间距在 1～3 毫米的处理方法是将两个要素各自移动一半，在中间部分结合，这样图幅拼接就完全满足了精度要求。

五、空间数据库与属性数据库的连接

MapGIS 系统采用不同的数据模型分别对属性数据和空间数据进行存储管理，属性数据采用关系模型，空间数据采用网状模型。两种数据的连接非常重要。在一个图幅工作单元 Coverage 中，每个图形单元由一个标识码来唯一确定。同时一个 Coverage 中可以若干个关系数据库文件即要素属性表，用以完成对 Coverage 的地理要素的属性描述。图形单元标识码是要素属性表中的一个关键字段，空间数据与属性数据以此字段形成关联，完成对地图的模拟。这种关联使 MapGIS 的两种模型联成一体，可以方便地从空间数据检索属性数据或者从属性数据检索空间数据。

对属性与空间数据的连接采用的方法是：在图件矢量化过程中，标记多边形标识点，建立多边形编码表，并运用 MapGIS 将用 Foxpro 建立的属性数据库自动连接到图形单元中，这种方法可由多人同时进行工作，速度较快。

第三章　耕地土壤属性

第一节　耕地土壤类型

一、土壤类型及分布

从土壤形成、土壤类型、土壤养分、其他理化性状 4 方面对石楼县土壤属性进行阐述，以便全面了解各种土壤的特性，为农业生产中合理利用土地资源提供理论依据。文中部分数据和论述来源于第二次土壤普查资料。土壤分类是按 1985 年山西省第二次土壤普查土壤分类系统分类的，为了与 1983 年石楼县土壤分类命名相衔接，以新分类、原分类进行了列表说明。根据 1983 年山西省土壤普查土壤分类系统，石楼县土壤共分两大土类，5 个亚类，22 个土属，45 个土种；1985 年山西省第二次土壤普查土壤分类系统将石楼县土壤分为五大土类，7 个亚类，13 个土属，29 个土种。石楼县土壤新旧分类及分布统计见表 3-1。

二、土壤类型特征及主要生产性能

石楼县土壤分为五大土类，7 个亚类，13 个土属，29 个土种。

(一) 栗褐土土类 (原命名：灰褐土)

栗褐土分布遍及石楼县，海拔在 610～1 500 米，面积约 207 474.5 亩，占全县总面积的 7.64%，目前多数被垦为农田，是石楼县的主要农业土壤。石楼县栗褐土主要发育于富含碳酸盐的第四纪黄土洪积、坡积物母质上，成土过程不受地下水影响。栗褐土的理化特性及水文特点如下：

一是质地均匀、沙黏适中、耕性良好。石楼县栗褐土的颗粒成分以粉沙（粒径0.005～0.05毫米）为主，含量一般在 45%～60%（离石黄土除外）。其中 0.01～0.05 毫米的粗粉沙含量在 42%～53%；0.005 1～0.01 毫米的细粉沙含量在 4%～11%；小于0.005 毫米的黏粒，含量在 22%～32%；大于 0.25 毫米的沙粒通常没有（黄土质除外）。因此，该土具有剖面层次不清的特点。

二是结构疏松、土层深厚、侵蚀严重、冲沟发育。栗褐土的成土母质为黄土母质，外观均匀一致，上下层之间虽有粗细的变化，但看不出明显的层次。土壤剖面上的碎屑颗粒一般都具有棱角或半棱角的外形，黏粒和碳酸钙是它们的胶结物质。表层多为屑粒状结构，下层为块状结构，剖面中普遍存在有肉眼可见的孔隙，一般疏松易碎，地下水的运动主要在垂直方向上的毛细管内移动。另外由于黄土具有特别发育的垂直节理，在沟壑边坡部位，经常沿节理发生崩塌，形成陡壁，有时亦产生较大规模的滑坡，形成了坡积灰褐土。

表 3-1　石楼县土壤新旧分类及分布状况

原分类（1983年分类系统）				新分类（1985年分类系统）				面积（亩）	分　布
土类	亚类	土属代号	土种代号	土类	亚类	土属	土种代号		
I 灰褐土	5 山地灰褐土	22	45	I 栗褐土	1 淡栗褐土	1 石灰岩质淡栗褐土	55	4 394	主要分布在石楼县龙王塔一带，海拔 1 400～1 500 米的山地
		12、13、15	27、28、29、30、31、32、33、35、36			2 红黄土质淡栗褐土	60、61、62、63、64	109 719.7	主要分布在侵蚀沟谷两侧；海拔 700～1 200 米丘陵山区的驹状地形的下部和丘陵缓坡处；黄土残垣坡边缘
	3 灰褐土性土	7	16、17、18、19、20			3 坡积淡栗褐土	65、66	5 308.5	主要分布在石楼县黄土丘坡地的坡底
		6	13、14、15			4 沟淤淡栗褐土	70、71	33 994.3	分布在全县各乡（镇）的黄土沟谷中
	5 山地灰褐土	21	44			5 洪积淡栗褐土	73	2 429.4	主要分布在李家湾、三交、薛村、石西等地，河流下切而退出的高台地和沟口地带
	4 灰褐土	19、20	40、41、42、43		2 栗褐土	6 黄土质栗褐土	75、77、78、79	51 628.6	主要分布在石楼县山道道梁一带的山地；三川河两岸的李家湾、碧沟、穆村等村较宽阔的河流阶地，留誉河两侧；黄土残垣上

（续）

原分类（1983年分类系统）				新分类（1985年分类系统）				面积（亩）	分　　布
土类	亚类	土属代号	土种代号	土类	亚类	土属	土种代号		
I 灰褐土	3 灰褐土性土	18	39	II 粗骨土	3 粗骨土	7 花岗片麻岩质粗骨土	83	1 954	仅在梁家山、下白霜河对面有零星分布
		17	38			8 石灰岩质粗骨土	85	181 238	分布在东北部的各大沟岩两侧，梁家山面积大
		16	37			9 砂页岩质粗骨土	86	113 999.8	分布于西南部侵蚀严重的深沟两侧和黄河沿岸
		10、11	23、24、25、26	III 黄绵土	4 黄绵土	10 黄土质黄绵土	87、88、89	1 153 830.17	广泛分布于全县黄土丘陵、黄土残垣、黄土荒山荒坡上
		14	34	IV 红黏土	5 红黏土	11 红土质红黏土	90	20	仅在加善村沟整底部发现裸露，甚微
II 草甸土	2 灰褐土化浅色草甸土	4、5	8、9、10、11、12	V 潮土	6 脱潮土	12 冲积洪积脱潮土	93、95	7 435.9	分布于石楼县三川河、黄河两岸河漫滩和河流阶地上的较高处，面积小
	1 浅色草甸土	1、2、3	1、2、3、4、5、6、7		7 潮土	13 冲洪积潮土	101、102、104、105	8 824.3	布于石楼县三川河、黄河两岸河漫滩和河流阶地上的中低处

栗褐土的主要成土母质为黄土，具有疏松多孔、垂直节理发育、土层又十分深厚的特点，所以抗侵蚀能力差，受侵蚀冲刷后易产生沟谷。从地质构造上讲，石楼县处于构造上升区，加之半干旱气候、植被稀疏、降水集中、暴雨多，水土流失十分严重。强烈的侵蚀，使坡耕地的表土经常被冲刷掉，土壤发育常处于幼年阶段。从剖面构造看，仅山地灰褐土有较薄的腐殖层，农业土壤表层有浅薄的耕作层，耕作较久的平坦梯田上形成5～10厘米厚的犁底层，其下无明显的层次发育。剖面上下层之间颜色、质地和结构等均没有多大差异，没有明显的特殊诊断层次，这充分说明土体发育程度微弱。同时，强烈的地表流水侵蚀作用造成了十分发达的冲沟系统，沟谷发育极快，沟壑面积占总面积的40%～50%，使地面支离破碎。在长期的农业生产中，人们利用其冲沟发育的特点，在沟内人工筑坝，拦淤造地，形成了抗旱力较强的沟淤土壤。

三是矿物组成复杂、土壤肥力贫乏。据资料分析，黄土中含矿物种类达60余种，其中以石英为主，占50%以上；其次是长石，含量达20%～30%；还有白云母，碳酸盐和黏土矿物等。因此，黄土的化学成分以氧化硅（SiO_2）为主，其次是氧化铝（Al_2O_3）、碳酸钙（$CaCO_3$）和磷、钾。黄土堆积后，在其发育过程中，由于水的淋溶作用，碳酸钙即转变为能溶于水的碳酸氢钙发生移动，随着土体中水分的减少和二氧化碳分压的降低，碳酸氢钙又转化为碳酸钙而淀积，形成石灰质结核。因此，在栗褐土的土壤剖面中，往往有含量不等、大小不一的石灰结核，尤以离石-午城黄土居多。这对作物生长有一定的影响，但在大面积上，则由于水土流失严重、土体干旱，土壤淋溶作用十分微弱，碳酸钙多以点状或假菌丝状淀积于心土层以下，而且数量不多，在侵蚀严重的部位，土壤剖面上看不到碳酸钙的淀积。

石楼县栗褐土虽具有优越的物质基础，但严重的水土流失以及不合理的耕种方式，导致了土壤肥力较为贫乏，且逐年下降。据1982年分析统计，土壤有机质含量平均0.55克/千克、全氮0.45克/千克、有效磷6.9毫克/千克、速效钾175毫克/千克；2008—2010年分析统计，土壤有机质含量平均6.53克/千克、全氮0.48克/千克、有效磷4.75毫克/千克、速效钾100.29毫克/千克。

根据石楼县栗褐土所处的地形部位、小气候、成土过程的差异，可划分为淡栗褐土（县命名：灰褐土性土）、栗褐土（县命名：灰褐土、山地灰褐土）2个亚类。现分述如下。

1. 淡栗褐土亚类（原命名：灰褐土性土）

（1）地理分布：石楼县淡栗褐土，广泛分布于海拔1 250米以下的黄土丘陵地区，绝大部分已为农田所占用，残存自然植被稀疏，总面积约155 845.9亩，占总土地面积的8.05%。

（2）形成与特征：淡栗褐土是在黄土母质上发育的土壤，是栗褐土土类中发育差和肥力最低的一个亚类，主要的特点是侵蚀严重。全剖面质地较轻、粗、均一，母质特征较明显。其剖面形态如下：

0～19厘米：浊黄棕色。

19～43厘米：浊黄棕色，有少量点状、菌丝状的碳酸钙淀积。

43～65厘米：浊黄橙色，沙质壤土，块状结构，稍紧，植物根系少，有中量点状的碳酸钙淀积。

65～106 厘米：浊黄橙色，沙质壤土，块状结构，稍紧，植物根系少，有中量点状、丝状碳酸钙淀积。

106～150 厘米：浊黄橙色，沙质壤土，块状结构，紧实。

通体强石灰反应，碳酸钙含量较高，为 70～120 克/千克，土壤阳离子交换量较低，为 7～10me/百克土。全剖面中二氧化硅、三氧化铁、三氧化铝的含量接近，氧化钙则以心土、底土层中为高。

表土层有机质含量低，心土、底土层的含量更少，经耕种后养分含量有所提高，但仍然贫乏。

（3）主要类型：石楼县淡栗褐土，根据其母质类型差异可划分为 5 个土属，石灰岩质淡栗褐土、红黄土质淡栗褐土、坡积淡栗褐土、沟淤淡栗褐土和洪积淡栗褐土。

① 石灰岩质淡栗褐土土属。该土属仅有中厚层黏壤土石灰岩质淡栗褐土（原命名：中层石灰岩质山地灰褐土）1 个土种（新代号 55，原代号 45）。

中厚层黏壤土石灰岩质淡栗褐土，主要分布在石楼县龙王塔一带海拔 1 400～1 500 米的山地，是石楼县分布地形最高的土壤类型，面积约 4 394 亩，占全县土地总面积的 0.2%。分布区域地势陡、海拔高、气温低、降水多、植被好，因此土壤发育较好。成土母质为石灰岩风化物，土壤淋溶作用略强，土体中碳酸钙淀积较明显。地表有一定厚度的枯枝落叶层，土壤表层养分含量较高；40 厘米以下为母质层，土层薄，一般 20～50 厘米。山地灰褐土在石楼县分布面积不大，所处地带人烟稀少，自然植被尚好，发展林业潜力很大，今后应有计划地组织人力搞好植树造林。

② 红黄土质淡栗褐土土属。该土属划分有黏壤土红黄土质淡栗褐土、黏壤土少砂姜红黄土质淡栗褐土、耕种壤土红黄土质淡栗褐土、耕种沙质黏壤土少砂姜红黄土质淡栗褐土、耕种沙质壤土黑垆土质淡栗褐土 5 个土种。

A. 黏壤土红黄土质淡栗褐土土种（新代号 60，原代号 30、31）：主要分布在石楼县黄河沿岸的三交、薛村、孟门、石西等地，海拔 700～1 200 米的丘陵山区，面积约 39 992.7 亩，占全县土地总面积的 2.07%。该类土壤多分布在侵蚀沟谷两侧，是由于侵蚀严重、沟道下切，表层马兰黄土逐渐被剥蚀，离石黄土裸露地表的土壤类型。土层深厚，颜色红黄，块状结构，夹有多层棕红色古土壤层，并有钙质淀积或石灰结核。

该土种土壤肥力低，质地黏重，碳酸钙含量高，代换性能尚好，保肥能力较强。红黄土的出露，主要是由于侵蚀严重而形成。因此，在侵蚀坡上要尽快植树造林，增加地表覆被，控制水土流失。

B. 黏壤土少砂姜红黄土质淡栗褐土土种（新代号 61，原代号 27、28）：主要分布在石楼县薛村、孟门等地，海拔 900～1 200 米的丘陵山区，总面积约 29 279 亩，占全县土地总面积的 1.52%。该类土壤多分布在峁状地形的下部，往往与耕种黄土质灰褐土性土成复域存在。该类土壤是由于长期的水土流失，使表层覆盖的马兰黄土逐渐被剥蚀掉，离石黄土出露地表，又经人为耕作、施肥、熟化形成的农业土壤。该土壤层次不明、颜色发红、质地黏重、结构紧实、黏粒多、小孔隙多、大孔隙少、昼夜温差大、早春土温升湿慢，俗称"冷性土"，发老苗、不发小苗。

该类土壤不仅质地黏重，而且剖面上下层机械组成变化不大，是典型的均质土壤类型。碳酸钙含量在下层增多，并出现少量的石灰结核（砂姜），使作物根系下扎受到阻碍。根据侵蚀程度和砂姜含量可划为两种类型：红黄土母质之上覆盖有 20～50 厘米残存马兰黄土的耕种覆盖中层黄土红黄土质灰褐土性土和典型的耕种红黄土质灰褐土性土。

综合分析该土种的优点是保水保肥能力较高、抗旱性较强、作物后期生长好，为后发型土壤。其缺点是耕性差、耕后坷垃多、不易捉苗、肥力低，土壤水气不协调。农田建设的重点是深耕松土，增施有机肥，改善土壤理化性状；对土壤改良难度大的耕地，应退耕还林还牧。

C. 耕种壤土红黄土质淡栗褐土土种（新代号 62，原代号 32、33）：主要分布在石楼县黄河沿岸的三交、薛村、孟门、石西等地，海拔 700～1 200 米的丘陵山区，面积约 19 956 亩，占全县土地总面积的 1.03%。该类土壤多分布在侵蚀沟谷两侧，是由于侵蚀严重，沟道下切，表层马兰黄土逐渐被剥蚀，离石黄土裸露地表的土壤类型。土层深厚，颜色红黄，块状结构，夹有多层棕红色古土壤层，并有钙质淀积或石灰结核。本土种内，包括原命名的：浅位薄层砂姜红黄土质灰褐土性土，土体 50 厘米以上夹有小于 10 厘米厚的一层砂姜，影响植物的生长；少砂姜红黄土质灰褐土性土，土体中含有 10% 以下的石灰结核。

红黄土的出露，主要是由于侵蚀严重而形成。因此，在侵蚀坡上要尽快植树造林，增加地表覆被，控制水土流失。

D. 耕种沙质黏壤土少砂姜红黄土质淡栗褐土土种（新代号 63，原代号 29）：主要分布在石楼县薛村、孟门等地，海拔 900～1 200 米的丘陵山区，总面积约 9 624 亩，占全县土地总面积的 0.50%。该类土壤多分布在峁状地形的下部，往往与耕种黄土质灰褐土性土成复域存在。是由于长期的水土流失，使表层覆盖的马兰黄土逐渐被剥蚀掉，离石黄土出露地表，又经人为耕作、施肥、熟化形成的农业土壤。土体中含有少量石灰结核，影响作物根系下扎。

综合分析该土种，优点是保水保肥能力较高；缺点是耕性差，不易捉苗，肥力低，土壤水气不协调，不宜种植粮食作物，应逐步退耕还林还牧。

E. 耕种沙质壤土黑垆土质淡栗褐土土种（新代号 64，原代号 35、36）：主要分布在石楼县庄上、三交等地，海拔 900～1 300 米的黄土残垣边缘和黄土丘陵缓坡处，面积小，约 10 868 亩，占全县土地总面积的 0.18%。该类土壤是一种古老的埋藏土壤，由于表土被侵蚀而出露，分布零星，属肥力较高的土壤类型，其形成熟化过程主要是在人类长期耕作下使黑垆土上形成覆盖层或熟化层。形态特征和理化性状如下：

0～18 厘米：疏松的耕作层。

18～112 厘米：为埋藏的古土壤层；其中，18～47 厘米为过渡层，47～67 厘米为钙积层，67～112 厘米为向母质的过渡层。

112～150 厘米：为黄土母质层。

因此，原来划分为耕种深位厚黄土层黑垆土型灰褐土性土土种。该土种通体质地为中壤，耕性尚好，土体疏松，保水保肥性能较好。表层有机质含量达 0.88%，全氮含量 0.083%，碳氮比为 10.6∶1，越往下层，土壤肥力逐渐降低。

在缓坡地带，黑垆土表层往往覆盖薄层黄土，肥力稍低，故原来划分出耕种覆盖薄层黄土黑垆土型灰褐土性土土种。

根据耕种沙质壤土黑垆土质淡栗褐土的分布特点和理化性状，该类土壤一般分布地形平缓，有机质含量较高，生产潜力较大。因此，适宜修筑宽幅梯田，建成稳产高产的基本农田，并要注意合理轮作，用养结合。

③坡积淡栗褐土土属。坡积淡栗褐土，主要是由黄土崩塌或滑塌而形成的土壤类型，土层紊乱、坡度较陡、分布零星。该土属划分有沙质黏壤土坡积淡栗褐土、耕种沙质黏壤土坡积淡栗褐土2个土种。

A. 沙质黏壤土坡积淡栗褐土土种（新代号65，原代号22）：该土种分布于侵蚀严重的沟壑地带，因坡度陡而被弃耕。面积约为1 793.5亩，占全县土地总面积的0.09％。适宜植树造林，以防土壤继续侵蚀。

B. 耕种沙质黏壤土坡积淡栗褐土土种（新代号66，原代号21）：该土种是由黄土崩塌或滑塌而形成的土壤类型，面积约3 515亩，占全县土地总面积的0.18％。土层紊乱，坡度较陡，分布零星。不宜种植农作物，应退耕种草，发展牧业。

④沟淤淡栗褐土土属。石楼县面积约33 994.3亩，占全县土地总面积的1.76％。该土属有耕种沙质黏壤土深位沙砾石层沟淤淡栗褐土、耕种黏壤土沟淤淡栗褐土2个土种。

A. 耕种沙质黏壤土深位沙砾石层沟淤淡栗褐土土种（新代号70，原代号18）：分布于下切严重的深沟，沟谷下部有基岩裸露。因此，土体下部有砾石层。土层较薄是该土种的主要缺点。

B. 耕种黏壤土沟淤淡栗褐土土种（新代号71，原代号16、17、19、20）：分布在全县各乡（镇）的黄土沟谷中。该类土壤发育在黄土冲沟中，通过人工闸沟筑坝，拦洪淤泥而形成的农业土壤类型。一般水分状况较好，抗旱能力强，是黄土丘陵区生产潜力较大的一种旱作土壤。其成土物质主要来源于沟壑上部的黄土及红黄土。由于堆积频繁，土壤经常处于幼年阶段，结构不良。历次淤积时，水量流速不等，携带的各种成土物质的比例组合也不相同。因此，土体沉积层次较明显，形成不同的土体构型。该土种质地适中，耕性好，但养分含量低，需不断培肥。

总之，该土属存在的问题是养分含量低，且易遭洪灾。在今后的农业生产中应通过增施有机肥、秸秆还田、配方施肥，改善土壤结构、提高土壤肥力，创建高产农田。

⑤洪积淡栗褐土土属。洪积淡栗褐土土属，面积较小，约2 429.4亩，占总土地面积的0.13％。该土属仅有耕种沙质黏壤土洪积淡栗褐土1个土种。原命名有深位埋藏沙层洪积物川黄土、洪积物川黄土、卵石底洪积物川黄土3个土种。

耕种沙质黏壤土洪积淡栗褐土土种（新代号73，原代号13、14、15）：分布在李家湾、三交、薛村、石西等地的河谷阶地上。该类土壤发育在河流下切而退出的高台地和沟口地带，地面略有倾斜，自然植被稀疏，以旱生草本植物为主。土壤母质是经洪水搬运堆积而成的洪积物，剖面能明显看到砾石和灰碴，甚至厚薄不等的沙层和卵石层，沙黏相间，沉积层次明显。地下水位10米以下，颜色以灰棕、灰褐棕为主，碳酸钙以点状或粉状形式淀积于心土层以下的孔隙和结构面上。表层有机质含量在0.7％～1％，质地沙壤至轻壤。

耕种沙质黏壤土洪积淡栗褐土养分含量不高，剖面中上、下土层质地差异较大，土壤养分含量随着土层加深而减少，质地越粗、肥力越低。

综合分析上述情况，耕种沙质黏壤土洪积淡栗褐土具有表层质地适中、耕性好、地面平坦的优点，属前发型土壤，作物出苗整齐。缺点是底土中普遍有沙层和卵石层，生长后期有时会出现脱肥现象。因此，在改良利用上要增施有机肥料、配方施肥，提高土壤肥力，发展水利，合理灌溉，防止水肥渗漏损失，提高水肥利用率。

2. 栗褐土亚类

（1）地理分布：石楼县栗褐土主要分布在黄土残垣和川谷阶地上，面积约 51 628.6 亩，占总土地面积的 2.68%。

（2）形成与特征：栗褐土是在自然成土过程中经过人类耕种熟化而形成的旱作土壤。成土母质为黄土及黄土状母质，土层深厚，土性软绵，侵蚀轻微，土壤肥力较高。由于所处地形较平坦，在季节性降水淋溶作用下，心土层至底土层中有微弱的黏化现象和碳酸钙淀积。表层有机质含量最高为 11.6 克/千克，最低 3.6 克/千克，平均 8.7 克/千克；全氮最高含量达 1.788 克/千克，最低含量 0.228 克/千克，平均值 0.63 克/千克；速效磷含量 7.6 毫克/千克，速效钾含量 159 毫克/千克。

（3）主要类型：石楼县栗褐土亚类仅有黄土质栗褐土 1 个土属。根据土体构型、质地差异，划分为中厚层沙质壤土黄土质栗褐土、耕种沙质壤土浅位弱黏化层黄土质栗褐土、耕种沙质黏壤土深位弱黏化层黄土质栗褐土、耕种沙质壤土黄土状栗褐土 4 个土种。

① 中厚层沙质壤土黄土质栗褐土土种（新代号 75，原代号 44）。该土种主要分布在石楼县成家庄镇山道梁一带，海拔 1 250～1 500 米的山地上，是石楼县分布地形最高的土壤类型之一，面积约 3 862.9 亩，占总土地面积的 0.20%。中厚层沙质壤土黄土质栗褐土，是发育于黄土母质上的土壤，土壤发育程度较好，腐殖质的积累和碳酸钙的淋溶淀积都比淡栗褐土强。表层有 5 厘米左右的枯枝落叶及半风化物，其下腐殖质层不明显，含量不高，心土层碳酸钙淀积不明显，土层一般较厚，植被覆盖较差，多以草本植物为主。块状结构，土体紧实，93 厘米以下为黄土母质层。通体质地轻壤，表层石灰反应较强烈，pH 为 7.5。

该区域海拔高，气温低，无霜期短、150 天左右，降水量比丘陵区略高，植被覆盖度较好，但人口居住少，应大力发展林业。

② 耕种沙质壤土浅位弱黏化层黄土质栗褐土土种（新代号 77，原代号 42、43）。该土种主要分布在海拔 890～1 050 米（除龙门垣以外）的黄土残垣上，海拔最低（石西乡呼家垣村）为 888 米，最高为（陈家湾乡中垣行政村苇则咀自然村的垣上）1 305 米，面积约 8 875.5 亩，占总土地面积的 0.46%。由于侵蚀切割程度不同，地面高程在 1 000～1 050 米。南山的冀家垣、杨家沟底垣上、塔村垣上，侵蚀切割更为严重，垣面狭小，地面高程在 1 000～1 050 米；西部的呼家垣、刘家垣、马家山垣等垣面较大，地面平坦，海拔较低，地面高程在 890～940 米。耕种沙质壤土浅位弱黏化层黄土质栗褐土，是自然成土过程中经人类生产活动影响而形成的旱作土壤，由于所处部位较高，气候干燥，土壤受一定的侵蚀，故此淋溶作用轻微。根据其黏化、钙积层出现部位深浅不同，可划为浅位中黏化和浅位厚黏化 2 种类型。

共同特点是土体中弱黏化、弱钙积明显，土层深厚，土性软绵，耕性好，地面平坦，便于机耕。不利因素是土壤肥力不高，耕作层下有较厚的犁底层，严重影响了土壤水、肥、气、热的协调和作物根系下扎，在一些地方，作物易遭霜冻。今后要增施有机肥，深耕打破犁底层，疏通土壤水、肥、气、热运行的通道，实施配方施肥，提高肥料利用率。

③ 耕种沙质黏壤土深位弱黏化层黄土质栗褐土土种（新代号78，原代号41）。该土种主要分布在海拔 1 130～1 305 米的东部龙门垣黄土残垣上，面积约 28 439.0 亩，占总土地面积的 1.47%。由于当地地形较高，垣面宽阔平坦，侵蚀轻微，黄土母质，气候冷凉，降水稍多，蒸发量较小，土壤淋溶作用较强，黏化、钙积明显而且出现部位土层深厚。

该土种属中等肥力水平，表层有机质含量 8.4 克/千克，越往下层，养分含量越低。碳酸钙含量表层低、下层高，钙积层的碳酸钙含量较上层增加 5%～9.03%，母质层碳酸钙含量略有减少。小于 0.01 毫米的物理性黏粒含量表土层和母质层分别为 28.6% 和 31.8%，黏化层高达 36.4%，分别比表土层和母质层增加 27.2% 和 14.5%；小于 0.001 毫米的黏粒含量表土层为 15%，黏化层为 20.4%，比表层增加 36%，说明土壤有弱黏化发育。

总之，该类土壤土体中弱黏化、弱钙积明显，土层深厚，土性软绵，耕性好，地面平坦，便于机耕。不利因素是土壤肥力不高，耕作层下有较厚的犁底层，严重影响了土壤水、肥、气、热的协调和作物根系下扎，在一些地方作物易遭霜冻。今后要增施有机肥，深耕打破犁底层，疏通土壤水、肥、气、热运行的通道。

④ 耕种沙质壤土黄土状栗褐土土种（新代号79，原代号40）。耕种沙质壤土黄土状栗褐土，总面积约 10 451.2 亩，占总土地面积的 0.54%。该土壤发育于黄土状物质上，是石楼县的高产农业土壤类型。

土壤肥力较高，表层有机质含量为 10.2 克/千克，全氮含量 0.67 克/千克，全磷含量 0.52 克/千克。全剖面微碱性反应，碳酸钙含量 10% 左右，以点状、丝状出现，有弱黏化现象。37～66 厘米处小于 0.001 毫米的黏粒含量为 20.5%，比表层的 17% 高 3.5%。通体质地轻壤，耕性好，适种作物广，生产潜力较大。

石楼县川黄土目前存在的问题是地面不平整，农田基础设施不配套，灌溉没保证。因此，要着重抓园田化建设，发展水利，并继续培肥地力，建成持续高产的粮、菜基地。

（二）粗骨土土类（原命名：灰褐土）

粗骨土（原命名：灰褐土），是主要分布在侵蚀切割严重的深沟两侧和黄河沿岸石质山区的一类初育土壤，面积较大，约 297 191.8 亩，占总土地面积的 15.40%。粗骨土是发育于不同地质时代的岩石风化物和少量残存黄土母质上的土壤类型。其共同特点是：土壤发育差，土质很差，土层浅薄，通体轻壤，肥力低，坡度陡，侵蚀极为严重，岩石裸露，砾石含量多，土体中的半风化岩石碎屑大于 50%。

根据成土条件、成土过程、土壤剖面形态特征不同，石楼县粗骨土土类可划分为粗骨土 1 个亚类；花岗片麻岩质粗骨土、石灰岩质粗骨土、砂页岩质粗骨土 3 个土属；薄层沙质壤土花岗片麻岩质粗骨土、薄层沙质壤土石灰岩质粗骨土、薄层沙质壤土沙页岩质粗骨土 3 个土种。

①薄层沙质壤土花岗片麻岩质粗骨土土种（新代号 83，原代号 39）。花岗片麻岩质粗骨土，面积小，约 1 953.7 亩，占总土地面积的 0.10%。母岩地层较老，土层浅薄，肥力低，坡度陡，侵蚀极为严重，岩石裸露。

②薄层沙质壤土石灰岩质粗骨土土种（新代号 85，原代号 38）。石灰岩质粗骨土，分布在石楼县东北部的各大沟岩两侧，面积大而集中，全县总面积约 181 238.3 亩，占总土地面积的 9.39%。是发育在石灰岩风化物之上的土壤类型，成土母质属奥陶系中统上马家沟组地层，深灰色灰岩和灰白色泥质灰岩风化物，石楼镇屈家沟一带则是发育在毛儿沟灰岩风化物上。土壤石灰反应强烈，土层浅薄，肥力低，坡度陡，侵蚀极为严重，岩石裸露，砾石含量多。

③薄层沙质壤土砂页岩质粗骨土土种（新代号 86，原代号 37）。砂页岩质粗骨土，主要分布于石楼县西南部侵蚀切割严重的深沟两侧和黄河沿岸，面积较大，约 113 999.8 亩，占总土地面积的 5.9%。成土母质为不同地质时代的砂页岩风化物，并混杂少量残存黄土。据调查，在庄上、聚财塔一带，该土壤发育在二叠系下统山西组炭质页岩地层上；在金家庄、吉家塔、孟门等地是发育在二叠系上统、上石盒子组、灰白色、紫色砂岩地层上和二叠系下统下石盒子组黄绿色砂岩地层之上；在三交、军渡、石西、孟门、八盘山等沿黄河一带，是发育在二叠系上统石千峰组紫灰色砂岩和三叠系下统刘家沟组紫红色砂岩以及砂质页岩之上。其剖面特点是土层极薄，仅 10 厘米左右，其下为厚 10～20 厘米的基岩风化物，并逐渐过渡到母岩上。表层质地沙土-沙壤，往往含有 50% 以上的砾石，自然植被稀疏，以铁秆蒿、狗尾草等耐旱植物为主。土壤肥力低，有机质含量为 3.2 克/千克左右，这类土壤侵蚀严重，土层浅薄，岩石裸露于地表，坡陡沟深，目前还难以利用。

综合分析上述 3 种不同岩性母质上发育的粗骨性土壤类型，其共同特点是：土层浅薄，肥力低，坡度陡，侵蚀极为严重，岩石裸露，砾石含量多。目前还不能被农业所利用，只能在土层稍厚的局部地方挖坑种树或发展灌林植物，需因势利导，逐步改变不良因素后进行利用。

（三）黄绵土土类（原命名：灰褐土）

（1）地理分布：石楼县黄绵土广泛分布于全县范围内黄土丘陵、黄土残垣、黄土荒山荒坡上，范围广、面积大，全县总面积约 1 153 830.17 亩，占总土地面积的 59.8%。

（2）形成与特征：黄绵土是发育于黄土母质上，受自然成土因素和人类生产活动影响而形成的农业土壤类型。土层深厚，耕作历史悠久，土壤侵蚀严重，沟蚀、面蚀频繁，年复一年，表层土壤常被冲刷侵蚀掉，使土壤发育常处于幼年阶段，剖面发育不全。全剖面呈微碱性反应，碳酸钙含量 12% 左右，上下层没有明显变化，说明土壤淋溶作用甚弱。代换量 7.5～8.3me/百克土，属中下等水平。由于成土母质富含碳酸钙，有的土体中含有少量的石灰结核，心土层至底土层质地均匀，母质特征明显，颜色浅灰棕，块状-碎块状结构，并且有少量点状或假菌丝体状的碳酸钙淀积。

（3）主要类型：石楼县黄绵土仅有黄绵土 1 个亚类，黄绵土 1 个土属。根据土壤中石灰结核和黏粒含量的差异，可划分为壤土黄土质黄绵土、耕种沙质壤土黄土质黄绵土、耕种沙质黏壤土少砂姜黄土质黄绵土 3 个土种。

① 壤土黄土质黄绵土土种（新代号 87，原代号 25、26）。壤土黄土质黄绵土，分布

在地形陡、离村远、侵蚀较重的黄土荒山荒坡和幼林区以及公路干线两侧，总面积约432 069亩，占总土地面积的22.39％。土壤侵蚀严重，植被稀疏，以旱生植物为主，主要植被有狗尾草、酸枣等。成土母质为马兰黄土，土体干燥、土层较厚、土性软绵，颜色为灰棕，碎块状结构，质地轻壤，土体发育层次不明，母质特征明显，全剖面石灰反应强烈。但由于土壤侵蚀严重，淋溶作用微弱，心土至底土碳酸钙淀积极不明显。根据土层厚度可划为两种类型：土层浅薄、坡度大、岩石裸露、砾石多的薄层黄土质黄绵土和土层较厚、坡度较小、砾石较少的典型黄土质黄绵土。

该土种由于水土流失严重，有机质含量极低。因此，要严禁开荒种植，应尽快造林种草，增加地面植被，千方百计保持水土。

② 耕种沙质壤土黄土质黄绵土土种（新代号88，原代号23）。耕种沙质壤土黄土质黄绵土，分布于黄土丘陵及部分黄土残垣上，范围广、面积大，约715 605亩，占总土地面积的37.08％，是受自然成土因素和人类生产活动影响而形成的农业土壤类型。土层深厚，耕作历史悠久，土壤侵蚀严重，沟蚀、面蚀频繁，年复一年，表层土壤常被冲刷侵蚀掉，使土壤发育常处于幼年阶段，剖面发育不全。在人类耕作施肥的影响下，表层形成厚10～20厘米的耕作层，颜色灰棕、质地轻壤，屑粒状结构。在返坡地带和耕作较久的梯田地，耕作层下形成5～10厘米的犁底层，片状结构、紧实坚硬，影响作物根系下扎。心土层至底土层质地均匀，母质特征明显，颜色浅灰棕，块状-碎块状结构，并且有少量点状或假菌丝体状的碳酸钙淀积。全剖面石灰反应强烈，pH为8～8.5。

该土壤的优点是土层深厚，不沙不黏，宜种作物广，是较理想的农业土壤类型；土壤大小孔隙比例适当，通气透水性好、养分转化快、积累少，作物出苗整齐，前期生长好、后期生长较差，属一种前发型土壤。缺点是水土流失严重是影响农业生产发展的主要矛盾；耕层浅薄，肥力低，氮素极缺，是限制作物产量的主导因素。

农业生产中，首先，要继续开展以建设高标准梯田为主要内容的基础建设，保持水土，提高土壤抗旱能力；其次，要结合深耕增施有机肥料，培肥土壤；最后，合理使用化肥，实施配方施肥，提高肥料利用率。

③ 耕种沙质黏壤土少砂姜黄土质黄绵土土种（新代号89，原代号24）。耕种沙质黏壤土少砂姜黄土质黄绵土，分布于黄土丘陵及部分黄土残垣上，范围广，总面积约6 156.17亩，占总土地面积的0.32％，是受自然成土因素和人类生产活动影响而形成的农业土壤类型。其理化性状基本与耕种沙质壤土黄土质黄绵土一致，差别是：由于成土母质富含碳酸钙，土体中含有少量的石灰结核，对作物生长有一定影响。

农业生产中要结合深耕增施有机肥料，培肥和改良土壤，提高土壤综合生产能力。

（四）红黏土土类（原命名：灰褐土）

红黏土石楼县仅在加善村沟壑底部发现裸露，甚微。红黏土是第三纪沉积物，埋藏很深，石楼县裸露很少。野外调查时其剖面特点是质地黏重，颜色暗红，色泽鲜艳，结构块、核状，微酸性反应。土体12厘米处结构面上有少量的铁锰胶膜，41厘米深度以下，铁锰结核数量增多，全剖面有砂姜侵入。

石楼县红黏土土类下仅有红黏土1个亚类、红土质红黏土1个土属、壤质黏土少砂姜红土质红黏土（原命名：红黏土质灰褐土性土）1个土种（新代号90，原代号34）。

壤质黏土少砂姜红土质红黏土，表层有机质含量较高，心土至底土中有机质含量极低，代换量高达 20 毫克/百克土以上，说明土壤保肥能力强。

（五）潮土土类（原命名：草甸土）

潮土分布于石楼县三川河、黄河两岸河漫滩和河流阶地上。总面积约 16 260.2 亩，占总土地面积的 0.83%。

该土类地下水位较高，一般在 1~5 米，没有季节性积水现象。其母质多系近代河流洪积、冲积物，质地差异较大，往往因河流上游母质差异及距离河流远近的差异，使沉积物错综复杂，粗细相间，质地由沙土到黏土。又因常受河流泛滥或停止泛滥时间长短的影响，沉积层次明显，但成土过程仍属幼年阶段。草甸土自然植被主要为喜湿性的青蒿、披碱草、碱蓬、芦苇、稗草、苦菜、铁线莲、田旋花、苍耳、野生大豆等。

潮土是一种隐域性土壤，在成土过程中受地下水影响较大，特别是其水分状况受地下水位和毛管水的影响极大。在季节性干旱和降水的影响下，地下水位上下移动，使心土、底土处于氧化-还原交替进行的过程中，所以在心土或底土层常有铁锰锈纹、锈斑出现。在人为活动与自然因素的综合作用下，由于施肥量不多，加之土壤中风化、矿化作用较强，草甸土有机质含量也不高，土壤多呈碎块至屑粒状结构。

潮土水分供应良好，作物能够随时吸收到生长所需的水分和溶解在水中的矿物质，又由于草甸土所分布的范围内，人口密度较大，人均耕地面积少，土壤耕作水平较高。因次，草甸土是石楼县水源相对充足、肥力水平较高的土壤之一，也是石楼县主要农业用地之一。

根据成土条件、成土过程、土壤剖面形态特征以及受地下水影响不同，将潮土土类划分为脱潮土（原名：灰褐土化浅色草甸土）和潮土（原名：浅色草甸土）2 个亚类。

1. 脱潮土亚类（原命名：灰褐土化浅色草甸土） 脱潮土是潮土的一个亚类，分布于潮土位置较高的地方，总面积约 7 435.9 亩，占总土地面积的 0.39%。由于地下水位下降，在原来土壤剖面中的锈纹锈斑经过长期氧化，逐渐消失，或仅有痕迹残屑，在剖面上部开始有褐土发育，有的在上部可以看到白色假菌丝体，开始有褐土发育特征，沉积层次依然明显。

石楼县脱潮土分布于河流阶地较高处，面积小而分布零星。通常与潮土亚类呈复域分布。与潮土亚类的主要区别是地下水位低，一般为 3~5 米。由于多年来气候干旱，河流下切，地下水位急剧下降，土壤逐步脱离了地下水的影响，向灰褐土方向发育，是草甸化向灰褐土化过渡的土壤类型。土体干燥，剖面层次明显，沙黏层次相间出现。养分含量是有机质为 3.2~16 克/千克，全氮为 0.3~0.97 克/千克，全磷为 0.5~0.59 克/千克。

根据土体构型等土属划分依据，石楼县该亚类下只有冲洪积脱潮土（原名：灰褐土化河沙土、灰褐土化潮土 2 个土属）1 个土属。

根据土壤质地及土体构型等有关依据，该土属划分为耕种沙质壤土冲洪积脱潮土、耕种沙质壤土深位沙砾石层冲洪积脱潮土 2 个土种。

① 耕种沙质壤土冲洪积脱潮土土种（新代号 93，原代号 8、12）。据土壤含沙量的多少，可分为沙壤质脱潮土和轻壤质脱潮土两种类型。其中，沙壤质脱潮土颗粒粗、养分贫乏、土壤供肥保肥能力极差，耕层有机质含量仅 3.2 克/千克，全氮含量 0.3 克/千克，全

磷含量 0.05％，代换量 3.7me/百克土，pH 为 8.4，是生产水平较低的土壤类型。改良的重点要放在翻沙掺黏改良质地，引洪灌溉加厚土层，增施有机肥料，以不断培肥土壤。

② 耕种沙质壤土深位沙砾石层冲洪积脱潮土土种（新代号 95，原代号 9、10、11）。该土种分布在东、南、北川河流水汇集之处，川面较宽阔。土壤受河流沉积作用的影响很大，成土物质复杂，底土中往往有卵石出现，影响作物根系的正常生长下扎。

该土属的 2 个土种的共同缺点是土层较薄。今后要进行引洪淤漫，逐步加厚土层，以满足作物高产所需要的土壤条件。

2. 潮土亚类（原名：浅色草甸土）　潮土亚类分布于该土类位置较低的地方，是地下水直接参与成土过程，而地表有机质矿化较强、积累较少、颜色较浅的土壤，总面积约 8 824.3 亩，占总土地面积的 0.44％。潮土亚类碳酸钙含量甚高，为强石灰反应的土壤。经耕作后耕作层疏松多孔，耕层下常出现较坚实的犁底层，有黏粒下移、沉积现象。但仅出现在表层，心土层和底土层中的质地变化，主要受冲积物影响，且常有锈纹锈斑出现。同时受耕作等人为活动及植物根系和蚯蚓等生物活动影响而改变了冲积物特征。

石楼县潮土土壤母质均属近代河流洪积-冲积物。土壤成土过程主要受地下水的影响。地下水位一般在 1.5～2.5 米，局部低洼地方可上升到 1 米左右。由于石楼县春旱秋涝，季节性干旱和降水明显，使地下水位上下移动，土体内氧化还原过程交替出现，产生锈纹锈斑，留存于土壤剖面下部。但因石楼县川谷狭窄，河流比降大，地下水排泄较通畅，锈纹锈斑在剖面中出现的部位较深（1.5 米以下），且又不明显，也就是说该土壤虽有草甸化成土过程，但不够典型。养分含量：有机质为 1.1～15 克/千克，全氮为 0.12～1.72 克/千克，全磷为 4.7～17.4 克/千克。

根据土体构型等土属划分依据，石楼县本亚类下只有冲洪积潮土（原名：河沙土、潮土、人工堆垫潮土 3 个土属）1 个土属。

根据土壤质地及土体构型等有关依据，该土属划分为耕种壤土冲洪积潮土、耕种壤土浅位黏层冲洪积潮土、耕种沙质黏壤土浅位沙砾石层冲洪积潮土、耕种沙质黏壤土深位沙砾石层冲洪积潮土 4 个土种。

① 耕种壤土冲洪积潮土土种（新代号 101，原代号 1、3、6）。耕种壤土冲洪积潮土主要分布在李家湾、穆村、薛村等地的河漫滩附近或古河道上，面积不大，约 4 985 亩。地形向河床倾斜，母质为沙质沉积物，地下水位 1.5～2.5 米。全剖面质地为沙土-沙壤，呈碎块状或单粒状结构，底土层中有不明显的锈纹锈斑。土壤有机质含量在 1.1～11 克/千克，全氮含量 0.12～1.72 克/千克，全磷含量 0.57～0.72 克/千克（以纯磷计）。

耕种壤土冲洪积潮土典型剖面理化性状分析结果可知该土的最大缺点是质地粗，含沙粒较多。因此，土壤中大孔隙多，小孔隙少，易干旱，有机质分解快而积累少，因而养分含量低，代换量亦较低。土壤保肥供肥能力差，漏水、漏肥，致使作物生育期间往往出现脱水脱肥的现象。所以，要把农田基本建设的重点放在改良土壤质地上。生产上浇水时畦幅可以宽些，但不宜过长，否则由于渗水太快，造成灌水不匀甚至畦尾无水。施肥要多施有机肥，浇水施肥都要掌握少量多次的原则，提高水肥利用率。

② 耕种壤土浅位黏层冲洪积潮土土种（代号 102，原代号 5）。耕种壤土浅位黏层冲洪积潮土主要分布在河漫滩附近或古河道上，面积不大，约 843.9 亩。母质为沙质沉积物

质，地质轻壤偏中。地下水位1.5～2.5米。心土中有黏土层，能起隔水保肥的作用，底土出现卵石层。表层有机质含量为7.9克/千克，全氮含量为0.72克/千克，全磷含量为0.58克/千克，pH为7.8。心土层以下养分逐渐降低，今后应继续培肥土壤，逐渐加厚活土层。

③ 耕种沙质黏壤土浅位沙砾石层冲洪积潮土土种（新代号104，原代号7）。耕种沙质黏壤土浅位沙砾石层冲洪积潮土，面积611亩，是人类生产活动的直接产物。是人们为保护良田，扩大耕地，在河漫滩上修筑顺水河坝，在坝内人为的堆垫黄土而建成的农田。这类土壤的特点是土层浅薄，其下为卵石层，肥力低，成土时间短而没有剖面发育，在农业产中要逐年加厚土层，大量使用有机肥料，不断培肥土壤。

④ 耕种沙质黏壤土深位沙砾石层冲洪积潮土土种（新代号105，原代号2、4）。耕种沙质黏壤土深位沙砾石层冲洪积潮土，面积2 384.4亩。母质为沙质沉积物，全剖面质地为沙土-沙壤-砾石，土壤呈碎块状或单粒状结构，底土层中有不明显的锈纹锈斑。由于受河流影响程度大，往往在土体下部有卵石层出现。

该类土最大缺点是质地粗、土层薄、底土中有卵石，因此土壤保水、保肥能力差，致使作物生育期间往往出现脱水脱肥的现象，同时底土中有卵石影响作物根系的正常生长下扎。所以，要把农田建设的重点放在加厚土层、增施有机肥上，田间水肥管理要掌握少量多次的原则，提高水肥利用率。

第二节　有机质及大量元素

土壤大量元素背景值的表达方式以各统计单元养分汇总结果的算术平均值和标准差来表示，分别以单体N、P、K表示。表示单位：有机质、全氮用克/千克表示，有效磷、速效钾、缓效钾用毫克/千克表示。

一、含量与分布

土壤有机质、全氮、有效磷、速效钾等以《山西省耕地土壤养分含量分级参数表》为标准各分6个级别，见表3-2。

表3-2　山西省耕地地力土壤养分耕地标准

级　别	Ⅰ	Ⅱ	Ⅲ	Ⅳ	Ⅴ	Ⅵ
有机质（克/千克）	>25.00	20.01～25.00	15.01～20.01	10.01～15.01	5.01～10.01	≤5.01
全氮（克/千克）	>1.50	1.201～1.50	1.001～1.201	0.701～1.001	0.501～0.701	≤0.501
有效磷（毫克/千克）	>25.00	20.01～25.00	15.1～20.01	10.1～15.1	5.1～10.1	≤5.1
速效钾（毫克/千克）	>250	201～250	151～201	101～151	51～101	≤51
缓效钾（毫克/千克）	>1 200	901～1 200	601～901	351～601	151～351	≤151

（一）有机质

石楼县耕地土壤有机质含量在4.57～35.90克/千克，平均值为12.77克/千克，属四级水平。见表 3-3。

（1）不同行政区域：灵泉镇平均值为 11.85 克/千克，最大值为 23.64 克/千克，最小值为 4.57 克/千克；罗村镇平均值为 12.98 克/千克，最大值为 24.3 克/千克，最小值为 6.99 克/千克；义牒镇平均值为 10.75 克/千克，最大值为 30.95 克/千克，最小值为 4.9 克/千克；小蒜镇平均值为 14.87 克/千克，最大值为 30.29 克/千克，最小值为 6.66 克/千克；龙交乡平均值为 12.22 克/千克，最大值为 26.66 克/千克，最小值为 5.34 克/千克；和合乡平均值为 14.36 克/千克，最大值为 32.6 克/千克，最小值为 6.66 克/千克；前山乡平均值为 15.55 克/千克，最大值为 35.9 克/千克，最小值为 6.66 克/千克；曹家垣乡平均值为 13.05 克/千克，最大值为 23.31 克/千克，最小值为 4.57 克/千克；裴沟乡平均值为 12.3 克/千克，最大值为 24.96 克/千克，最小值为 6.00 克/千克。

（2）不同地形部位：中低山上、中部坡腰平均值最高，为 12.93 克/千克，最大值为 32.6 克/千克，最小值为 4.57 克/千克；依次是山地和丘陵中、下部的缓坡地段，地面有一定的坡度，平均值为 12.75 克/千克，最大值为 35.9 克/千克，最小值为 4.57 克/千克；丘陵低山中、下部及坡麓平坦地，平均值为 12.44 克/千克，最大值为 26.99 克/千克，最小值为 4.57 克/千克；最低是沟谷地，平均值为 12.24 克/千克，最大值为 24.96 克/千克，最小值为 5.67 克/千克。

（3）不同土壤类型：粗骨土最高，平均值为 15.73 克/千克，最大值为 21.99 克/千克，最小值为 9.3 克/千克；依次是黄绵土，平均值为 12.83 克/千克，最大值为 35.9 克/千克，最小值为 4.57 克/千克；最低是栗褐土，平均值为 12.46 克/千克，最大值为 26.66 克/千克，最小值为 4.57 克/千克。

（二）全氮

石楼县耕地土壤全氮含量在 0.27～1.29 克/千克，平均值为 0.64 克/千克，属五级水平。见表 3-3。

（1）不同行政区域：灵泉镇平均值最高，为 0.71 克/千克，最大值为 1.2 克/千克，最小值为 0.35 克/千克；罗村镇，平均值为 0.67 克/千克，最大值为 1.17 克/千克，最小值为 0.4 克/千克；义牒镇平均值为 0.53 克/千克，最大值为 0.92 克/千克，最小值为 0.32 克/千克；小蒜镇平均值为 0.67 克/千克，最大值为 1.02 克/千克，最小值为 0.37 克/千克；龙交乡平均值为 0.58 克/千克，最大值为 0.97 克/千克，最小值为 0.27 克/千克；和合乡平均值为 0.62 克/千克，最大值为 1.16 克/千克，最小值为 0.31 克/千克；前山乡平均值为 0.63 克/千克，最大值为 1.10 克/千克，最小值为 0.39 克/千克；曹家垣乡平均值为 0.61 克/千克，最大值为 0.91 克/千克，最小值为 0.32 克/千克；裴沟乡平均值为 0.63 克/千克，最大值为 1.29 克/千克，最小值为 0.39 克/千克。

（2）不同地形部位：沟谷地，平均值为 0.64 克/千克，最大值为 0.99 克/千克，最小值为 0.35 克/千克；丘陵低山中、下部及坡麓平坦地，平均值为 0.64 克/千克，最大值为 1.17 克/千克，最小值为 0.27 克/千克；山地和丘陵中、下部的缓坡地段，地面有一定的坡度，平均值为 0.64 克/千克，最大值为 1.2 克/千克，最小值为 0.29 克/千克；中低山上、中部坡腰，平均值为 0.64 克/千克，最大值为 1.29 克/千克，最小值为 0.31 克/千克。

（3）不同土壤类型：粗骨土最高，平均值为 0.65 克/千克，最大值为 0.86 克/千克，最小值为 0.45 克/千克；依次是黄绵土，平均值为 0.64 克/千克，最大值为 1.29 克/千克，最小值为 0.31 克/千克；最低是栗褐土，平均值为 0.63 克/千克，最大值为 1.02 克/千克，最小值为 0.27 克/千克。

（三）有效磷

石楼县耕地土壤有效磷含量在 3.66~21.42 毫克/千克，平均值为 8.42 毫克/千克，属五级水平。见表 3-3。

（1）不同行政区域：灵泉镇平均值最高，为 9.70 毫克/千克，最大值为 19.06 毫克/千克，最小值为 4.98 毫克/千克；依次是曹家垣乡，平均值为 8.78 毫克/千克，最大值为 13.4 毫克/千克，最小值为 5.76 毫克/千克；罗村镇平均值为 8.71 毫克/千克，最大值为 21.42 毫克/千克，最小值为 5.76 毫克/千克；裴沟乡平均值为 8.56 毫克/千克，最大值为 13.73 毫克/千克，最小值为 5.76 毫克/千克；前山乡平均值为 8.55 毫克/千克，最大值为 15.43 毫克/千克，最小值为 5.10 毫克/千克；龙交乡平均值为 8.18 毫克/千克，最大值为 16.09 毫克/千克，最小值为 5.43 毫克/千克；和合乡平均值为 7.89 毫克/千克，最大值为 13.73 毫克/千克，最小值为 3.99 毫克/千克；小蒜镇平均值为 7.78 毫克/千克，最大值为 13.40 毫克/千克，最小值为 3.66 毫克/千克；最低是义牒镇，平均值为 6.96 毫克/千克，最大值为 13.07 毫克/千克，最小值为 3.99 毫克/千克。

（2）不同地形部位：沟谷地平均值最大，为 8.64 克/千克，最大值为 21.42 克/千克，最小值为 4.65 克/千克；依次是丘陵低山中、下部及坡麓平坦地，平均值为 8.50 克/千克，最大值为 17.41 克/千克，最小值为 4.32 克/千克；山地和丘陵中、下部的缓坡地段，地面有一定的坡度，平均值为 8.41 克/千克，最大值为 21.42 克/千克，最小值为 3.99 克/千克；最低是中低山上、中部坡腰，平均值为 8.39 克/千克，最大值为 21.42 克/千克，最小值为 3.66 克/千克。

（3）不同土壤类型：粗骨土最高，平均值为 9.04 克/千克，最大值为 13.4 克/千克，最小值为 7.08 克/千克；依次是栗褐土，平均值为 8.47 克/千克，最大值为 16.09 克/千克，最小值为 3.99 克/千克。最低是黄绵土，平均值为 8.41 克/千克，最大值为 21.42 克/千克，最小值为 3.66 克/千克。

（四）速效钾

石楼县耕地土壤速效钾含量在 70.6~296.73 毫克/千克，平均值为 140.22 毫克/千克，属四级水平。见表 3-3。

（1）不同行政区域：罗村镇平均值最高，为 167.61 毫克/千克，最大值为 296.73 毫克/千克，最小值为 104.26 毫克/千克；其次是裴沟乡平均值为 156.63 毫克/千克，最大值 204.26 毫克/千克，最小值为 110.80 毫克/千克；龙交乡平均值 154.11 毫克/千克，最大值为 260.80 毫克/千克，最小值为 96.73 毫克/千克；灵泉镇平均值 141.16 毫克/千克，最大值为 293.47 毫克/千克，最小值为 70.60 毫克/千克；和合乡平均值为 130.32 毫克/千克，最大值为 200.00 毫克/千克，最小值为 86.93 毫克/千克；小蒜镇平均值为 124.80 毫克/千克，最大值为 230.40 毫克/千克，最小值为 80.40 毫克/千克；前山乡平均值为 124.56 毫克/千克，最大值为 193.47 毫克/千克，最小值为 70.60 毫克/千克；曹家垣乡平均值为 119.48 毫克/千克，最大值为 150.00 毫克/千克，最小值为 86.93 毫克/千克；最低是义牒镇，平均值为 115.79 毫克/千克，最大值为 233.67 毫克/千克，最小值为 86.93 毫克/千克。

（2）不同地形部位：沟谷地平均值最大，为 149.65 克/千克，最大值为 240.20 克/千克，最小值为 83.67 克/千克；依次是丘陵低山中、下部及坡麓平坦地，平均值为 146.56 克/千克，最大值为 293.47 克/千克，最小值为 70.60 克/千克；山地和丘陵中、下部的缓坡地段，地面有一定的坡度，平均值为 140.36 克/千克，最大值为 293.47 克/千克，最小值为 73.86 克/千克；最低是中低山上、中部坡腰，平均值为 137.40 克/千克，最大值为 296.73 克/千克，最小值为 70.60 克/千克。

（3）不同土壤类型：栗褐土最高，平均值为 148.89 克/千克，最大值为 293.47 克/千克，最小值为 83.67 克/千克；依次是黄绵土，平均值为 138.50 克/千克，最大值为 296.73 克/千克，最小值为 70.60 克/千克；最低是粗骨土，平均值为 130.67 克/千克，最大值为 154.26 克/千克，最小值为 110.80 克/千克。

（五）缓效钾

石楼县耕地土壤缓效钾含量在 132.02～1 380.37 毫克/千克，平均值为 839.30 毫克/千克，属三级水平。见表 3－3。

（1）不同行政区域：罗村镇平均值最高，为 912.62 毫克/千克，最大值为 1 199.95 毫克/千克，最小值为 467.2 毫克/千克；龙交乡平均值为 887.50 毫克/千克，最大值为 1 260.79毫克/千克，最小值为 640.86 毫克/千克；义牒镇平均值为 829.92 毫克/千克，最大值为 1 300.65 毫克/千克，最小值为 434.00 毫克/千克；前山乡平均值为 825.51 毫克/千克，最大值为 1 040.51 毫克/千克，最小值为 640.86 毫克/千克；和合乡平均值为 817.83 毫克/千克，最大值为 1 080.37 毫克/千克，最小值为 583.4 毫克/千克；曹家垣乡平均值为 809.00 毫克/千克，最大值为 1 000.65 毫克/千克，最小值为 660.79 毫克/千克；义牒镇平均值为 870.29 毫克/千克，最大值为 1 380.37 毫克/千克，最小值为 500.40 毫克/千克；裴沟乡平均值为 759.89 毫克/千克，最大值为 1 000.65 毫克/千克，最小值为 533.6 毫克/千克；最低是小蒜镇，平均值为 712.54 毫克/千克，最大值为 1 120.23 毫克/千克，最小值为 132.02 毫克/千克。

（2）不同地形部位：沟谷地平均值最高，为 863.40 克/千克，最大值为 1 260.79 克/千克，最小值为 434.00 克/千克；依次是丘陵低山中、下部及坡麓平坦地，平均值为 860.19 克/千克，最大值为 1 300.65 克/千克，最小值为 450.60 克/千克；山地和丘陵中、下部的缓坡地段，地面有一定的坡度，平均值为 841.02 克/千克，最大值为 1 220.93 克/千克，最小值为 243.86 克/千克；最低是中低山上、中部坡腰，平均值为 830.21 克/千克，最大值为 1 380.37 克/千克，最小值为 132.02 克/千克。

（3）不同土壤类型：栗褐土平均值最高，平均值为 858.82 克/千克，最大值为 1 260.79克/千克，最小值为 132.02 克/千克；依次是黄绵土，平均值为 835.54 克/千克，最大值为 1 380.37 克/千克，最小值为 132.02 克/千克；最低是粗骨土，平均值为 775.39 克/千克，最大值为 880.02 克/千克，最小值为 660.79 克/千克。

表3-3 石楼县大田土壤大量元素分类统计结果

类别		有机质（克/千克）			全氮（克/千克）			有效磷（毫克/千克）			速效钾（毫克/千克）			缓效钾（毫克/千克）		
		最小值	最大值	平均值	最小值	最大值	平均值	最小值	最大值	平均值	最小值	最大值	平均值	最小值	最大值	平均值
行政区域	灵泉镇	4.57	23.64	11.85	0.35	1.20	0.71	4.98	19.06	9.70	70.60	293.47	141.16	434.00	1 300.65	829.92
	罗村镇	6.99	24.30	12.98	0.40	1.17	0.67	5.76	21.42	8.71	104.26	296.73	167.61	467.20	1 199.95	912.62
	义牒镇	4.90	30.95	10.75	0.32	0.92	0.53	3.99	13.07	6.96	86.93	233.67	115.79	500.40	1 380.37	870.29
	小蒜镇	6.66	30.29	14.87	0.37	1.02	0.67	3.66	13.40	7.78	80.40	230.40	124.80	132.02	1 120.23	712.54
	龙交乡	5.34	26.66	12.22	0.27	0.97	0.58	5.43	16.09	8.18	96.73	260.80	154.11	640.86	1 260.79	887.50
	和合乡	6.66	32.60	14.36	0.31	1.16	0.62	3.99	13.73	7.89	86.93	200.00	130.32	583.40	1 080.37	817.83
	前山乡	6.66	35.90	15.55	0.39	1.10	0.63	5.10	15.43	8.55	70.60	193.47	124.56	640.86	1 040.51	825.51
	曹家垣乡	4.57	23.31	13.05	0.32	0.91	0.61	5.76	13.40	8.78	86.93	150.00	119.48	660.79	1 000.65	809.00
	裴沟乡	6.00	24.96	12.30	0.39	1.29	0.63	5.76	13.73	8.56	110.80	204.26	156.63	533.60	1 000.65	759.89
土壤类型 亚类	粗骨土	9.30	21.99	15.73	0.45	0.86	0.65	7.08	13.40	9.04	110.80	154.26	130.67	660.79	880.02	775.39
	黄绵土	4.57	35.90	12.83	0.31	1.29	0.64	3.66	21.42	8.41	70.60	296.73	138.50	132.02	1 380.37	835.54
	栗褐土	4.57	26.66	12.46	0.27	1.02	0.63	3.99	16.09	8.47	83.67	293.47	148.89	270.40	1 260.79	858.82
土属	红黄土质栗褐土	15.34	17.32	16.44	0.75	0.79	0.78	8.73	9.06	8.84	110.80	123.86	117.33	417.40	550.20	511.47
	洪积栗褐土	4.57	20.34	11.63	0.43	0.97	0.63	4.32	14.72	8.58	83.67	207.53	145.00	640.86	1 000.65	842.96
	黄绵土	4.57	35.90	12.83	0.31	1.29	0.64	3.66	21.42	8.41	70.60	296.73	138.50	132.02	1 380.37	835.54
	黄土质栗褐土	5.34	26.66	12.60	0.27	1.02	0.62	3.99	16.09	8.45	86.93	293.47	149.65	270.40	1 260.79	862.41
	黄土状栗褐土	11.00	14.63	12.90	0.58	0.72	0.65	7.74	8.40	7.99	150.00	160.80	155.65	899.95	980.72	940.60
	中性粗骨土	9.30	21.99	15.73	0.45	0.86	0.65	7.08	13.40	9.04	110.80	154.26	130.67	660.79	880.02	775.39

（续）

类别		有机质（克/千克）			全氮（克/千克）			有效磷（毫克/千克）			速效钾（毫克/千克）			缓效钾（毫克/千克）		
		最小值	最大值	平均值	最小值	最大值	平均值	最小值	最大值	平均值	最小值	最大值	平均值	最小值	最大值	平均值
土壤类型 土种	多砾洪栗黄土	9.30	19.30	12.66	0.48	0.97	0.69	5.76	14.39	9.14	83.67	207.53	140.48	660.79	1 000.65	871.14
	耕二合红栗黄土	15.34	17.32	16.44	0.75	0.79	0.78	8.73	9.06	8.84	110.80	123.86	117.33	417.40	550.20	511.47
	耕黄栗黄黄土	6.33	23.64	13.06	0.37	0.99	0.62	5.43	16.09	8.23	96.73	293.47	146.68	270.40	1 260.79	874.67
	耕坡黄黄绵土	5.34	35.90	12.95	0.31	1.20	0.65	3.99	19.06	8.32	70.60	273.86	136.86	164.26	1 260.79	825.63
	沟黄黄绵土	5.34	30.95	12.94	0.32	1.00	0.62	3.99	19.06	8.39	80.40	243.47	134.42	145.29	1 220.93	845.80
	洪栗栗黄土	4.57	20.34	11.19	0.43	0.92	0.61	4.32	14.72	8.34	93.47	196.73	146.88	640.86	1 000.65	831.20
	栗黄黄土	5.34	26.66	12.53	0.27	1.02	0.63	3.99	15.76	8.48	86.93	293.47	150.06	500.40	1 160.09	860.72
	卵黄黄绵土	10.34	31.61	17.16	0.37	1.10	0.72	5.76	12.08	8.25	96.73	196.73	142.46	600.00	1 000.65	821.57
	坡黄黄绵土	4.57	27.98	12.60	0.32	1.29	0.64	3.66	21.42	8.48	70.60	296.73	140.81	132.02	1 380.37	837.82
	沙泥质中性粗骨土	9.30	21.99	15.73	0.45	0.86	0.65	7.08	13.40	9.04	110.80	154.26	130.67	660.79	880.02	775.39
	卧栗黄土	11.00	14.63	12.90	0.58	0.72	0.65	7.74	8.40	7.99	150.00	160.80	155.65	899.95	980.72	940.60
地形部位	沟谷地	5.67	24.96	12.24	0.35	0.99	0.64	4.65	21.42	8.64	83.67	240.20	149.65	434.00	1 260.79	863.40
	丘陵低山中、下部及坡麓平坦地	4.57	26.99	12.44	0.27	1.17	0.64	4.32	17.41	8.50	70.60	293.47	146.56	450.60	1 300.65	860.19
	山地和丘陵中、下部缓坡地段，地面有一定坡度	4.57	35.90	12.75	0.29	1.20	0.64	3.99	21.42	8.41	73.86	293.47	140.36	243.86	1220.93	841.02
	中低山上，中部坡腰	4.57	32.60	12.93	0.31	1.29	0.64	3.66	21.42	8.39	70.60	296.73	137.40	132.02	1 380.37	830.21

注：表中土属、土种为原分类名。

二、分级论述

石楼县耕地土壤有机质和大量元素分级面积详见表 3－4。

（一）有机质

Ⅰ级　有机质含量大于 25.00 克/千克，面积为 1 075.95 亩，占总耕地面积的 0.26％。主要作物有玉米、小麦、谷子和果树等。

Ⅱ级　有机质含量为 20.01～25.00 克/千克，面积为 10 249.13 亩，占总耕地面积的 2.47％。主要作物有玉米、小麦、谷子和果树等。

Ⅲ级　有机质含量为 15.01～20.01 克/千克，面积为 89 278.91 亩，占总耕地面积的 21.55％。主要作物有玉米、小麦、谷子和果树等。

Ⅳ级　有机质含量为 10.01～15.01 克/千克，面积为 222 224.19 亩，占总耕地面积的 53.65％。主要作物有玉米、小麦、谷子和果树等。

Ⅴ级　有机质含量为 5.01～10.01 克/千克，面积为 91 027.86 亩，占总耕地面积的 21.97％。主要作物有玉米、小麦、谷子和果树等。

Ⅵ级　有机质含量为小于等于 5.0 克/千克，面积为 379.2 亩，占总耕地面积的 0.09％。主要作物有玉米、小麦、谷子和果树等。

（二）全氮

Ⅰ级　全氮量大于 1.5 克/千克，全县无分布。

Ⅱ级　全氮含量为 1.201～1.50 克/千克，面积为 144.58 亩，占总耕地面积的 0.03％。主要作物有玉米、小麦、谷子、中药材和果树等。

Ⅲ级　全氮含量为 1.001～1.201 克/千克，面积为 3 551.72 亩，占总耕地面积的 0.86％。主要作物有玉米、小麦、谷子、中药材和果树等。

Ⅳ级　全氮含量为 0.701～1.001 克/千克，面积为 76 789.01 亩，占总耕地面积的 18.54％。主要作物有玉米、小麦、谷子、中药材和果树等。

Ⅴ级　全氮含量为 0.501～0.701 克/千克，面积为 284 194.34 亩，占总耕地面积的 68.61％。主要作物有玉米、小麦、谷子、中药材和果树等。

Ⅵ级　全氮含量小于等于 0.501 克/千克，面积为 49 555.59 亩，占总耕地面积的 11.96％。作物有玉米、小麦、谷子、中药材和果树等。

（三）有效磷

Ⅰ级　有效磷含量大于 25.00 毫克/千克。全县无分布。

Ⅱ级　有效磷含量在 20.01～25.00 毫克/千克。全县面积 37.46 亩，占总耕地面积的 0.01％。主要作物有玉米、小麦、谷子、果树、马铃薯等。

Ⅲ级　有效磷含量在 15.1～20.01 毫克/千克，全县面积 2 607.9 亩，占总耕地面积的 0.63％。主要作物有玉米、小麦、谷子、果树、马铃薯等。

Ⅳ级　有效磷含量在 10.1～15.1 毫克/千克。全县面积 73 305.28 亩，占总耕地面积的 17.7％。主要作物有玉米、小麦、谷子、果树、马铃薯等。

Ⅴ级　有效磷含量在 5.1～10.1 毫克/千克。全县面积 333 254.66 亩，占总耕地面积的 80.45％。主要作物有玉米、小麦、谷子、果树、马铃薯等。

Ⅵ级　有效磷含量小于等于 5.1 毫克/千克。全县面积 5 029.94 亩，占总耕地面积的 1.21％。主要作物有玉米、小麦、谷子、果树、马铃薯等。

（四）速效钾

Ⅰ级　速效钾含量大于 250 毫克/千克，全县面积 762.73 亩，占总耕地面积的 0.18％。主要作物有玉米、小麦、谷子、果树、马铃薯等。

Ⅱ级　速效钾含量在 201～250 毫克/千克，全县面积 8 868.78 亩，占总耕地面积的 2.14％。主要作物有玉米、小麦、谷子、果树、马铃薯等。

Ⅲ级　速效钾含量在 151～201 毫克/千克，全县面积 126 661.82 亩，占总耕地面积的 30.58％。主要作物有玉米、小麦、谷子、果树、马铃薯等。

Ⅳ级　速效钾含量在 101～151 毫克/千克，全县面积 258 000.83 亩，占总耕地面积的 62.28％。主要作物有玉米、小麦、谷子、果树、马铃薯等。

Ⅴ级　速效钾含量在 51～100 毫克/千克，全县面积 19 941.08 亩，占总耕地面积的 4.82％。主要作物有玉米、小麦、谷子、果树、马铃薯等。

Ⅵ级　速效钾含量小于等于 50 毫克/千克，全县无分布。

（五）缓效钾

Ⅰ级　缓效钾含量大于 1 200 毫克/千克，全县面积 309.78 亩，占总耕地面积的 0.07％。主要作物有玉米、小麦、谷子、果树、马铃薯等。

Ⅱ级　缓效钾含量在 901～1 200 毫克/千克，全县面积 82 702.47 亩，占总耕地面积的 19.97％。主要作物有玉米、小麦、谷子、果树、马铃薯等。

Ⅲ级　缓效钾含量在 601～901 毫克/千克，全县面积 324 242.24 亩，占总耕地面积的 78.27％。主要作物有玉米、小麦、谷子、果树、马铃薯等。

Ⅳ级　缓效钾含量在 351～601 毫克/千克，全县面积 6 201.82 亩，占总耕地面积的 1.5％。主要作物有玉米、小麦、谷子、果树、马铃薯等。

Ⅴ级　缓效钾含量在 151～351 毫克/千克，全县面积 739.09 亩，占总耕地面积的 0.18％。分布在下曲镇。主要作物有玉米、小麦、谷子、果树、马铃薯等。

Ⅵ级　缓效钾含量小于等于 150 毫克/千克，全县面积 39.85 亩，占总耕地面积的 0.01％。分布在下曲镇。主要作物有小麦、谷子、果树、桃等。

表 3-4　石楼县耕地土壤大量元素分级面积

级　别		Ⅰ	Ⅱ	Ⅲ	Ⅳ	Ⅴ	Ⅵ
有机质	面积（亩）	1 075.95	10 249.13	89 278.91	222 224.19	91 027.86	379.20
	占比（％）	0.26	2.47	21.55	53.65	21.97	0.09
全氮	面积（亩）	0	144.58	3 551.72	76 789.01	284 194.34	49 555.59
	占比（％）	0	0.03	0.86	18.54	68.61	11.96
有效磷	面积（亩）	0	37.46	2 607.90	73 305.28	333 254.66	5 029.94
	占比（％）	0	0.01	0.63	17.70	80.45	1.21

（续）

级　别		I	II	III	IV	V	VI
速效钾	面积（亩）	762.73	8 868.78	126 661.82	258 000.83	19 941.08	0
	占比（%）	0.18	2.14	30.58	62.28	4.82	0
缓效钾	面积（亩）	309.78	82 702.47	324 242.24	6 201.82	739.09	39.85
	占比（%）	0.07	19.97	78.27	1.50	0.18	0.01

第三节　中量元素

中量元素背景值的表达方式以各统计单元养分汇总结果的算术平均值和标准差来表示。以单体 S 表示，表示单位：用毫克/千克来表示。

2009—2011 年测土配方施肥项目只进行了土壤有效硫的测试，交换性钙、交换性镁没有测试，所以只是统计了有效硫的情况，由于有效硫目前全国范围内仅有酸性土壤临界值，而全区土壤属石灰性土壤，没有临界值标准。因而只能根据养分含量的具体情况进行级别划分，分 6 个级别，见表 3-5。

表 3-5　山西省耕地地力土壤有效硫分级标准

级　别	I	II	III	IV	V	VI
有效硫（毫克/千克）	＞200.0	100.1～200	50.1～100.0	25.1～50.0	12.1～25.0	≤12.0

一、含量与分布

石楼县耕地土壤有效硫含量在 3.91～60.08 毫克/千克，平均值为 18.12 毫克/千克，属五级水平。见表 3-6。

（1）不同行政区域：和合乡最高，平均值为 40.25 毫克/千克；最低是灵泉镇，平均值为 10.00 克/千克。

（2）不同地形部位：中低山上、中部坡腰最高，平均值为 19.23 毫克/千克；最低是沟谷地，平均值为 11.57 毫克/千克。

（3）不同土壤类型：粗骨土最高，平均值为 45.16 毫克/千克；其次是黄绵土，平均值为 18.93 毫克/千克；最低是栗褐土，平均值为 13.77 毫克/千克。

表3-6　石楼县耕地土壤有效硫平均值分类统计结果

类　别		有效硫（毫克/千克）		
		平均值	最小值	最大值
行政区域	灵泉镇	10.00	3.91	36.72
	罗村镇	11.42	5.63	73.38
	义牒镇	20.38	4.77	41.70
	小蒜镇	14.20	8.21	36.72
	龙交乡	10.29	5.63	18.98
	和合乡	40.25	21.56	126.74
	前山乡	37.89	17.26	113.42
	曹家垣乡	19.47	7.35	36.72
	裴沟乡	16.21	9.07	60.08
地形部位	沟谷地	11.57	3.91	56.75
	丘陵低山中、下部及坡麓平坦地	14.95	3.91	120.08
	山地和丘陵中、下部缓坡地段，地面有一定坡度	19.20	4.77	126.74
	中低山上、中部坡腰	19.23	4.77	126.74
土壤类型	亚类	粗骨土	45.16	26.76	83.36
		黄绵土	18.93	3.91	126.74
		栗褐土	13.77	4.77	93.34
	土属	红黄土质栗褐土	10.79	10.79	10.79
		洪积栗褐土	12.44	4.77	25.00
		黄绵土	18.93	3.91	126.74
		黄土质栗褐土	14.03	5.63	93.34
		黄土状栗褐土	6.28	5.63	7.35
		中性粗骨土	45.16	26.76	83.36
	土种	多砾洪栗黄土	9.44	4.77	13.82
		耕二合红栗黄土	10.79	10.79	10.79
		耕黄栗黄土	15.47	7.35	41.70
		耕坡黄绵土	19.71	3.91	106.76
		沟黄绵土	21.58	4.77	126.74
		洪栗黄土	13.70	8.21	25.00
		栗黄土	13.83	5.63	93.34
		崂黄绵土	35.35	19.84	43.36
		坡黄绵土	17.08	4.77	120.08
		沙泥质中性粗骨土	45.16	26.76	83.36
		卧栗黄土	6.28	5.63	7.35

注：表中土属、土种为原分类名。

二、分级论述

（一）有效硫（表 3-7）

Ⅰ级　有效硫含量大于 200.0 毫克/千克，全县无分布。

Ⅱ级　有效硫含量在 100.1～200.0 毫克/千克，全县 361.61 亩，占总耕地面积的 0.09%。

Ⅲ级　有效硫含量在 50.1～100 毫克/千克，全县 3 533.41 亩，占总耕地面积的 0.85%，广泛分布在全县各个乡（镇）。

Ⅳ级　有效硫含量在 25.1～50 毫克/千克，全县面积为 109 920.76 亩，占总耕地面积的 26.54%，广泛分布在全县各个乡（镇）。

Ⅴ级　有效硫含量在 12.1～25.0 毫克/千克，全县面积为 100 180.89 亩，占总耕地面积的 24.18%，广泛分布在全县各个乡（镇）。

Ⅵ级　有效硫含量小于等于 12.0 毫克/千克，全县面积为 200 238.57 亩，占总耕地面积的 48.34%，广泛分布在全县各个乡（镇）。

表 3-7　石楼县耕地土壤有效硫分级面积

单位：亩

级　别		Ⅰ	Ⅱ	Ⅲ	Ⅳ	Ⅴ	Ⅵ
缓效钾	面积	0	361.61	3 533.41	109 920.76	100 180.89	200 238.57
	%	0	0.09	0.85	26.54	24.18	48.34

第四节　微量元素

土壤微量元素背景值的表达方式以各统计单元养分汇总结果的算术平均值和标准差来表示，分别以单体 Cu、Zn、Mn、Fe、B 表示。单位为毫克/千克。

土壤微量元素参照全省第二次土壤普查的标准，结合石楼县土壤养分含量状况重新进行划分，各分 6 个级别，见表 3-8。

表 3-8　山西省耕地地力土壤微量元素分级标准

级　别	Ⅰ	Ⅱ	Ⅲ	Ⅳ	Ⅴ	Ⅵ
有效铜（毫克/千克）	>2.00	1.51～2.00	1.01～1.51	0.51～1.00	0.21～0.50	≤0.20
有效锰（毫克/千克）	>30.00	20.01～30.00	10.01～20.00	5.01～10.00	1.01～5.00	≤1.00
有效锌（毫克/千克）	>3.00	1.51～3.00	1.01～1.50	0.51～1.00	0.31～0.50	≤0.30
有效铁（毫克/千克）	>20.00	15.01～20.00	10.01～15.00	5.01～10.00	2.51～5.00	≤2.50
有效硼（毫克/千克）	>2.00	1.51～2.00	1.01～1.50	0.51～1.00	0.21～0.50	≤0.20

一、含量与分布

（一）有效铜

石楼县耕地土壤有效铜含量在 0.32～3.25 毫克/千克，平均值为 1.12 毫克/千克，属三级水平。见表 3-9。

（1）不同行政区域：义牒镇平均值最高，为 1.45 毫克/千克，最大值为 2.76 毫克/千克，最小值为 0.38 毫克/千克；前山乡平均值为 1.30 毫克/千克，最大值为 2.79 毫克/千克，最小值为 0.49 毫克/千克；裴沟乡平均值为 1.4 毫克/千克，最大值为 2.50 毫克/千克，最小值为 0.60 毫克/千克；和合乡平均值为 1.14 毫克/千克，最大值为 3.25 毫克/千克，最小值为 0.32 毫克/千克；小蒜镇平均值为 1.09 毫克/千克，最大值为 2.36 毫克/千克，最小值为 0.44 毫克/千克；龙交乡平均值为 1.06 毫克/千克，最大值为 1.46 毫克/千克，最小值为 0.80 毫克/千克；罗村镇平均值为 1.02 毫克/千克，最大值为 2.33 毫克/千克，最小值为 0.54 毫克/千克；灵泉镇平均值为 0.92 毫克/千克，最大值为 1.73 毫克/千克，最小值为 0.44 毫克/千克；曹家垣乡平均值为 0.83 毫克/千克，最大值为 1.57 毫克/千克，最小值为 0.34 毫克/千克。

（2）不同地形部位：中低山上、中部坡腰平均值最高，为 1.14 毫克/千克，最大值为 3.25 毫克/千克，最小值为 0.32 毫克/千克；依次是山地和丘陵中、下部的缓坡地段，地面有一定的坡度，平均值为 1.12 毫克/千克，最大值为 2.79 毫克/千克，最小值为 0.34 毫克/千克；丘陵低山坡地平均值为 1.09 毫克/千克，最大值为 2.56 毫克/千克，最小值为 0.36 毫克/千克；最低是沟谷地，平均值为 1.02 毫克/千克，最大值为 2.33 毫克/千克，最小值为 0.38 毫克/千克。

（3）不同土壤类型：粗骨土平均值最高，为 1.27 毫克/千克，最大值为 1.80 毫克/千克，最小值为 0.67 毫克/千克；依次是黄绵土，平均值为 1.13 毫克/千克，最大值为 3.25 毫克/千克，最小值为 0.32 毫克/千克；最低是栗褐土，平均值为 1.05 毫克/千克，最大值为 2.53 毫克/千克，最小值为 0.46 毫克/千克。

（二）有效锌

石楼县耕地土壤有效锌含量在 0.14～4.49 毫克/千克，平均值为 1.17 毫克/千克，属三级水平。见表 3-9。

（1）不同行政区域：前山乡平均值最高，为 1.84 毫克/千克，最大值为 3.70 毫克/千克，最小值为 0.37 毫克/千克；依次是和合乡，平均值为 1.83 毫克/千克，最大值为 3.70 毫克/千克，最小值为 0.47 毫克/千克；义牒镇平均值为 1.75 毫克/千克，最大值为 4.49 毫克/千克，最小值为 0.31 毫克/千克；曹家垣乡平均值为 1.66 毫克/千克，最大值为 3.20 毫克/千克，最小值为 0.64 毫克/千克；裴沟乡平均值为 1.29 毫克/千克，最大值为 3.20 毫克/千克，最小值为 0.034 毫克/千克；小蒜镇平均值为 1.11 毫克/千克，最大值为 2.70 毫克/千克，最小值为 0.20 毫克/千克；灵泉镇平均值为 0.79 毫克/千克，最大值为 2.99 毫克/千克，最小值为 0.18 毫克/千克；龙交乡平均值为 0.75 毫克/千克，最大值为 2.00 毫克/千克，最小值为 10.26 毫克/千克；最低是罗村镇，平均值为 0.69

毫克/千克，最大值为 2.20 毫克/千克，最小值为 0.14 毫克/千克。

（2）不同地形部位：中低山上、中部坡腰平均值最高，为 1.24 毫克/千克，最大值为 4.49 毫克/千克，最小值为 0.18 毫克/千克；依次是山地和丘陵中、下部的缓坡地段，地面有一定的坡度，平均值为 1.12 毫克/千克，最大值为 4.40 毫克/千克，最小值为 0.14 毫克/千克；丘陵低山坡地，平均值为 0.98 毫克/千克，最大值为 4.3 毫克/千克，最小值为 0.19 毫克/千克，最低是沟谷地，平均值为 0.86 毫克/千克，最大值为 2.80 毫克/千克，最小值为 0.19 毫克/千克。

（3）不同土壤类型：粗骨土平均值最高，为 1.94 毫克/千克，最大值为 2.30 毫克/千克，最小值为 1.36 毫克/千克；依次是黄绵土，平均为 1.24 毫克/千克，最大值为 4.49 毫克/千克，最小值为 0.14 毫克/千克；最低是栗褐土，平均值为 0.84 毫克/千克，最大值为 2.80 毫克/千克，最小值为 0.22 毫克/千克。

（三）有效锰

石楼县耕地土壤有效锰含量在 2.81～37.33 毫克/千克，平均值为 10.94 毫克/千克，属三级水平。见表 3-9。

（1）不同行政区域：曹家垣乡平均值最高，为 16.40 毫克/千克，最大值为 29.33 毫克/千克，最小值为 7.67 毫克/千克；依次是裴沟乡，平均值为 14.29 毫克/千克，最大值为 26.67 毫克/千克，最小值为 7.00 毫克/千克；前山乡平均值为 13.53 毫克/千克，最大值为 32.00 毫克/千克，最小值为 4.67 毫克/千克；义牒镇平均值为 13.35 毫克/千克，最大值为 37.33 毫克/千克，最小值为 3.07 毫克/千克；和合乡平均值为 12.43 毫克/千克，最大值为 24.67 毫克/千克，最小值为 2.81 毫克/千克；小蒜镇平均值为 11.06 毫克/千克，最大值为 22.67 毫克/千克，最小值为 4.93 毫克/千克；罗村镇平均值为 9.31 毫克/千克，最大值为 27.33 毫克/千克，最小值为 3.07 毫克/千克；灵泉镇平均值为 9.01 毫克/千克，最大值为 27.33 毫克/千克，最小值为 3.60 毫克/千克；最低是龙交乡，平均值为 8.33 毫克/千克，最大值为 18.33 毫克/千克，最小值为 3.60 毫克/千克。

（2）不同地形部位：中低山上、中部坡腰平均值最高，为 11.24 毫克/千克，最大值为 37.33 毫克/千克，最小值为 3.34 毫克/千克。依次是山地和丘陵中、下部的缓坡地段，地面有一定的坡度，平均值为 11.14 毫克/千克，最大值为 36.00 毫克/千克，最小值为 3.07 毫克/千克；丘陵低山坡地平均值为 10.06 毫克/千克，最大值为 31.34 毫克/千克，最小值为 2.81 毫克/千克；最低为沟谷地，平均值为 9.59 毫克/千克，最大值为 27.33 毫克/千克，最小值为 3.34 毫克/千克。

（3）不同土壤类型：黄绵土平均值最高，为 11.25 毫克/千克，最大值为 37.33 毫克/千克，最小值为 2.81 毫克/千克；依次是粗骨土，平均值为 9.84 毫克/千克，最大值为 19.33 毫克/千克，最小值为 4.67 毫克/千克；最低是栗褐土，平均值为 9.40 毫克/千克，最大值为 34.67 毫克/千克，最小值为 4.14 毫克/千克。

（四）有效铁

石楼县耕地土壤有效铁含量在 0.59～11.34 毫克/千克，平均值为 4.16 毫克/千克，属五级水平。见表 3-9。

表 3－9　石楼县大田土壤微量元素分类统计结果

单位：毫克/千克

类　别		有效铜			有效锌			有效锰			有效铁			有效硼		
		最小值	最大值	平均值	最小值	最大值	平均值	最小值	最大值	平均值	最小值	最大值	平均值	最小值	最大值	平均值
行政区域	灵泉镇	0.44	1.73	0.92	0.18	2.99	0.79	3.60	27.33	9.01	2.25	10.67	4.79	0.22	0.64	0.37
	罗村镇	0.54	2.33	1.02	0.14	2.20	0.69	3.07	27.33	9.31	1.42	11.34	3.81	0.14	0.64	0.32
	义牒镇	0.38	2.76	1.45	0.31	4.49	1.75	3.34	37.33	13.35	1.59	8.33	3.99	0.10	0.57	0.29
	小蒜镇	0.44	2.36	1.09	0.20	2.70	1.11	4.93	22.67	11.06	2.25	9.00	4.50	0.24	0.60	0.40
	龙交乡	0.80	1.46	1.06	0.26	2.00	0.75	3.60	18.33	8.33	1.92	7.33	4.36	0.19	0.49	0.35
	和合乡	0.32	3.25	1.14	0.47	3.70	1.83	2.81	24.67	12.43	0.59	10.34	3.70	0.04	0.64	0.18
	前山乡	0.49	2.79	1.30	0.37	3.70	1.84	4.67	32.00	13.53	0.76	10.00	3.85	0.06	0.36	0.21
	曹家垣乡	0.34	1.57	0.83	0.64	3.20	1.66	7.67	29.33	16.40	1.59	8.33	4.18	0.08	0.42	0.24
	裴沟乡	0.60	2.50	1.40	0.34	3.20	1.29	7.00	26.67	14.29	1.42	10.00	3.68	0.08	1.20	0.31
土壤类型	亚类 粗骨土	0.67	1.80	1.27	1.36	2.30	1.97	4.67	19.33	9.84	2.42	5.34	3.63	0.08	0.17	0.15
	黄绵土	0.32	3.25	1.13	0.14	4.49	1.24	2.81	37.33	11.25	0.59	11.34	4.13	0.06	1.20	0.30
	栗褐土	0.46	2.53	1.05	0.22	2.80	0.84	4.14	34.67	9.40	1.42	10.67	4.32	0.04	0.67	0.35
	土属 红黄土质栗褐土	1.04	1.20	1.10	1.04	1.23	1.09	10.33	11.67	10.78	4.33	4.83	4.47	0.42	0.42	0.42
	洪积栗褐土	0.83	1.90	1.17	0.22	2.10	0.98	6.34	22.67	10.96	1.92	8.66	4.60	0.21	0.67	0.36
	黄绵土	0.32	3.25	1.13	0.14	4.49	1.24	2.81	37.33	11.25	0.59	11.34	4.13	0.06	1.20	0.30
	黄土质栗褐土	0.46	2.53	1.03	0.23	2.80	0.82	4.14	34.67	9.13	1.42	10.67	4.27	0.04	0.60	0.34
	黄土状栗褐土	1.04	1.07	1.06	0.36	1.04	0.66	7.00	8.34	7.50	2.67	4.00	3.21	0.36	0.36	0.36
	中性粗骨土	0.67	1.80	1.27	1.36	2.30	1.97	4.67	19.33	9.84	2.42	5.34	3.63	0.08	0.17	0.15

（续）

类别		有效铜			有效锌			有效锰			有效铁			有效硼		
		最小值	最大值	平均值	最小值	最大值	平均值	最小值	最大值	平均值	最小值	最大值	平均值	最小值	最大值	平均值
土壤类型（土种）	多砾洪黄土	0.83	1.36	1.09	0.33	2.10	1.05	6.34	15.34	10.45	2.67	8.66	4.92	0.24	0.60	0.37
	耕二合红栗黄土	1.04	1.20	1.10	1.04	1.23	1.09	10.33	11.67	10.78	4.33	4.83	4.47	0.42	0.42	0.42
	耕黄栗洪黄绵土	0.86	2.04	1.10	0.23	2.40	0.91	5.67	34.67	9.27	2.25	6.67	4.21	0.24	0.48	0.34
	耕坡黄黄绵土	0.34	3.25	1.16	0.14	4.00	1.29	2.81	36.67	11.71	0.76	11.34	4.08	0.06	1.10	0.29
	沟黄黄绵土	0.32	2.76	1.20	0.19	3.50	1.38	3.34	37.33	12.02	1.09	10.00	4.03	0.06	0.96	0.28
	洪栗黄土	0.93	1.90	1.20	0.22	2.10	0.95	7.00	22.67	11.17	1.92	7.33	4.46	0.21	0.67	0.36
	栗黄土	0.46	2.53	1.02	0.23	2.80	0.81	4.14	27.33	9.11	1.42	10.67	4.28	0.04	0.60	0.34
	蚵黄黄绵土	1.14	2.14	1.42	1.30	2.99	2.31	5.67	21.34	14.28	1.92	8.33	4.38	0.15	0.40	0.25
	坡黄黄绵土	0.34	2.79	1.09	0.18	4.49	1.13	3.34	35.33	10.63	0.59	10.67	4.20	0.06	1.20	0.32
	沙泥质中性粗骨土	0.67	1.80	1.27	1.36	2.30	1.97	4.67	19.33	9.84	2.42	5.34	3.63	0.08	0.17	0.15
	卧栗黄土	1.04	1.07	1.06	0.36	1.04	0.66	7.00	8.34	7.50	2.67	4.00	3.21	0.36	0.36	0.36
地形部位	沟谷地	0.38	2.33	1.02	0.19	2.80	0.86	3.34	27.33	9.59	0.76	11.34	4.37	0.08	0.70	0.35
	丘陵低山中、下部及坡麓平坦地	0.36	2.56	1.09	0.19	4.30	0.98	2.81	31.34	10.06	0.59	10.34	4.19	0.06	0.96	0.33
	山地和丘陵中、下部缓坡地段，地面有一定坡度	0.34	2.79	1.12	0.14	4.40	1.21	3.07	36.00	11.14	0.92	10.67	4.11	0.04	0.86	0.30
	中低山上、中部坡腰	0.32	3.25	1.14	0.18	4.49	1.24	3.34	37.33	11.24	0.76	10.67	4.16	0.06	1.20	0.30

注：表中土属、土种为原分类名。

（1）不同行政区域：灵泉镇平均值最高，为4.79毫克/千克，最大值为10.67毫克/千克，最小值为2.25毫克/千克；依次是小蒜镇，平均值为4.50毫克/千克，最大值为9.00毫克/千克，最小值为2.25毫克/千克；龙交乡平均值为4.36毫克/千克，最大值为7.33毫克/千克，最小值为1.92毫克/千克；曹家垣乡平均值为4.18毫克/千克，最大值为8.33毫克/千克，最小值为1.59毫克/千克；义牒镇平均值为3.99毫克/千克，最大值为8.33毫克/千克，最小值为1.59毫克/千克；前山乡平均值为3.85毫克/千克，最大值为10.00毫克/千克，最小值为0.76毫克/千克；罗村镇平均值为3.81毫克/千克，最大值为11.34毫克/千克，最小值为1.42毫克/千克；和合乡平均值为3.70毫克/千克，最大值为10.34毫克/千克，最小值为0.59毫克/千克；最低是裴沟乡，平均值为3.68毫克/千克，最大值为10.00毫克/千克，最小值为1.42毫克/千克。

（2）不同地形部位：沟谷地平均值最高，为4.37毫克/千克，最大值为11.34毫克/千克，最小值为0.76毫克/千克；依次是丘陵低山坡地，平均值为4.19毫克/千克，最大值为10.34毫克/千克，最小值为0.59毫克/千克；中低山上、中部坡腰平均值4.16毫克/千克，最大值为10.67毫克/千克，最小值为0.76毫克/千克；最低是山地和丘陵中、下部的缓坡地段，地面有一定的坡度，平均值为4.11毫克/千克，最大值为10.67毫克/千克，最小值为0.92毫克/千克。

（3）不同土壤类型：栗褐土平均值最高，为4.32毫克/千克，最大值为10.67毫克/千克，最小值为1.42毫克/千克；依次是黄绵土，平均为4.13毫克/千克，最大值为11.34毫克/千克，最小值为0.59毫克/千克；最低是粗骨土，平均值为3.63毫克/千克，最大值为5.34毫克/千克，最小值为2.42毫克/千克。

（五）有效硼

石楼县耕地土壤有效硼含量在0.04～1.20毫克/千克，平均值为0.31毫克/千克，属五级水平。见表3-9。

（1）不同行政区域：小蒜镇平均值最高，为0.40毫克/千克，最大值为0.60毫克/千克，最小值为0.24毫克/千克；依次是灵泉镇，平均值为0.37毫克/千克，最大值为0.64毫克/千克，最小值为0.22毫克/千克；龙交乡平均值为0.35毫克/千克，最大值为0.49毫克/千克，最小值为0.19毫克/千克；罗村镇平均值为0.32毫克/千克，最大值为0.64毫克/千克，最小值为0.14毫克/千克；裴沟乡平均值为0.31毫克/千克，最大值为1.2毫克/千克，最小值为0.08毫克/千克；义牒镇平均值为0.29毫克/千克，最大值为0.57毫克/千克，最小值为0.10毫克/千克；曹家垣乡平均值为0.24毫克/千克，最大值为0.423毫克/千克，最小值为0.08毫克/千克；前山乡平均值为0.21毫克/千克，最大值为0.36毫克/千克，最小值为0.06毫克/千克；最低是和合乡，平均值为0.18毫克/千克，最大值为0.64毫克/千克，最小值为0.04毫克/千克。

（2）不同地形部位：沟谷地平均值最高，为0.35毫克/千克，最大值为0.70毫克/千克，最小值为0.08毫克/千克；依次是丘陵低山坡地，平均值为0.33毫克/千克，最大值为0.96毫克/千克，最小值为0.06毫克/千克，山地和丘陵中、下部的缓坡地段，地面有一定的坡度，平均值为0.30毫克/千克，最大值为0.86毫克/千克，最小值为0.04毫克/千克；中低山上、中部坡腰，平均值0.30毫克/千克，最大值为1.20毫克/千克，最小值为 0.06 毫克/千克。

（3）不同土壤类型：栗褐土平均值最高，为 0.35 毫克/千克，最大值为 0.67 毫克/千克，最小值为 0.04 毫克/千克；依次是黄绵土，平均 0.30 毫克/千克，最大值为 1.20 毫克/千克，最小值为 0.06 毫克/千克；最低是粗骨土，平均值 0.15 毫克/千克，最大值为 0.17 毫克/千克，最小值为 0.08 毫克/千克。

二、分级论述

（一）有效铜

Ⅰ级　有效铜含量大于 2.00 毫克/千克，全县分布面积为 11 492.81 亩，占耕地总面积的 2.77%，主要作物为玉米、小麦、谷子、果树、马铃薯等。

Ⅱ级　有效铜含量在 1.51～2.00 毫克/千克，全县分布面积 37 502.23 亩，占耕地总面积的 9.05%，主要作物有玉米、小麦、谷子、果树、马铃薯等。

Ⅲ级　有效铜含量在 1.01～1.51 毫克/千克，全县分布面积 241 794 亩，占耕地总面积的 58.37%，主要作物有玉米、小麦、谷子、果树、马铃薯等。

Ⅳ级　有效铜含量在 0.51～1.01 毫克/千克，全县面积 119 556.53 亩，占耕地总面积的 28.86%。主要作物有玉米、小麦、谷子、果树、马铃薯等。

Ⅴ级　有效铜含量在 0.21～0.51 毫克/千克，全县面积 3 889.67 亩，占耕地总面积的 0.94%。主要作物有玉米、小麦、谷子、果树、马铃薯等。

Ⅵ级　有效铜含量小于等于 0.2 毫克/千克，全县无分布。

（二）有效锰

Ⅰ级　有效锰含量大于 30 毫克/千克，全县分布面积 871.68 亩，占总耕地面积的 0.2%，主要作物为玉米、小麦、谷子、果树、马铃薯等。

Ⅱ级　有效锰含量在 20.01～30.00 毫克/千克，全县分布面积 17 666.6 亩，占总耕地面积的 4.26%，主要作物为玉米、小麦、谷子、果树、马铃薯等。

Ⅲ级　有效锰含量在 15.01～20.01 毫克/千克，全县分布面积 62 957.92 亩，占总耕地面积的 15.2%，主要作物为玉米、小麦、谷子、果树、马铃薯等。

Ⅳ级　有效锰含量在 5.01～15.01 毫克/千克，全县分布面积 316 626.74 亩，占总耕地面积的 76.44%，作物为玉米、小麦、谷子、果树、马铃薯等。

Ⅴ级　有效锰含量在 1.01～5.01 毫克/千克，全县分布面积 16 166.3 亩，占总耕地面积的 3.9%，作物为玉米、小麦、谷子、果树、马铃薯等。

Ⅵ级　有效锰含量小于等于 1.01 毫克/千克，全县无分布。

（三）有效锌

Ⅰ级　有效锌含量大于 3.00 毫克/千克，全县面积 3 070.38 亩，占总耕地面积的 0.74%。作物有玉米、小麦、谷子、果树、马铃薯等。

Ⅱ级　有效锌含量在 1.51～3.00 毫克/千克，全县面积 131 912.64 亩，占总耕地面积的 31.84%。作物有玉米、小麦、谷子、果树、马铃薯等。

Ⅲ级　有效锌含量在 1.01～1.51 毫克/千克，全县面积 88 730.64 亩，占总耕地面积的 21.42%。大田作物有玉米、小麦、谷子、果树、马铃薯等。

Ⅳ级 有效锌含量在 0.51～1.01 毫克/千克，全县分布面积 136 673.66 亩，占总耕地面积的 32.99%。作物有玉米、小麦、谷子、果树、马铃薯等。

Ⅴ级 有效锌含量在 0.31～0.51 毫克/千克，全县分布面积 40 626.94 亩，占总耕地面积的 9.81%。主要作物有玉米、小麦、谷子、果树、马铃薯等。

Ⅵ级 有效锌含量小于等于 0.30 毫克/千克，全县分布面积 13 220.98 亩，占总耕地面积的 3.19%。主要作物有玉米、小麦、谷子、果树、马铃薯等。

（四）有效铁

Ⅰ级 有效铁含量大于 20.00 毫克/千克，全县无分布。

Ⅱ级 有效铁含量在 15.01～20.00 毫克/千克，全县无分布。

Ⅲ级 有效铁含量在 10.01～15.01 毫克/千克，全县面积 556.22 亩，占总耕地面积的 0.13%，作物为玉米、小麦、谷子、果树、马铃薯等。

Ⅳ级 有效铁含量在 5.01～10.01 毫克/千克，全县面积 98 584.91 亩，占总耕地面积的 23.8%。作物为玉米、小麦、谷子、果树、马铃薯等。

Ⅴ级 有效铁含量在 2.51～5.01 毫克/千克，全县面积 276 610.72 亩，占耕地总面积的 66.78%。作物有玉米、小麦、谷子、果树、马铃薯等。

Ⅵ级 有效铁含量小于等于 2.51 毫克/千克，全县面积 38 483.39 亩，占耕地总面积的 9.29%。作物有玉米、小麦、谷子、果树、马铃薯等。

石楼县耕地土壤微量元素分级面积见表 3-10。

表 3-10 石楼县耕地土壤微量元素分级面积

级 别		Ⅰ	Ⅱ	Ⅲ	Ⅳ	Ⅴ	Ⅵ
有效铜	面积（亩）	11 492.81	37 502.23	241 794.00	119 556.53	3 889.67	0
	占比（%）	2.77	9.05	58.37	28.86	0.94	0
有效锌	面积（亩）	3 070.38	131 912.64	88 730.64	136 673.66	40 626.94	13 220.98
	占比（%）	0.74	31.84	21.42	32.99	9.81	3.19
有效铁	面积（亩）	0	0	556.22	98 584.91	276 610.72	38 483.39
	占比（%）	0	0	0.13	23.80	66.78	9.29
有效锰	面积（亩）	817.68	17 666.60	62 957.92	316 626.74	16 166.30	0
	占比（%）	0.20	4.26	15.20	76.44	3.90	0
有效硼	面积（亩）	0	0	312.12	5 710.27	326 229.21	81 983.64
	占比（%）	0	0	0.08	1.38	78.75	19.79

第五节 其他理化性状

一、土 壤 pH

石楼县耕地土壤 pH 在 7.50～9.37，平均为 8.37。见表 3-11。

（1）不同行政区域：灵泉镇平均值为 8.55，最大值为 9.37，最小值为 7.81；依次为前山乡，平均值为 8.48，最大值为 9.06，最小值为 7.81；和合乡平均值为 8.38，最大值为 9.21，最小值为 7.96；义牒镇平均值为 8.33，最大值为 8.75，最小值为 8.12；裴沟乡平均值为 8.31，最大值为 8.75，最小值为 7.50。罗村镇平均值为 8.28，最大值为 8.75，最小值为 7.81；曹家垣乡平均值为 8.27，最大值为 8.59，最小值为 7.96；小蒜镇平均值为 8.24，最大值为 9.06，最小值为 7.65；最低是龙交乡，平均值为 8.23，最大值为 8.9，最小值为 7.81。

表 3-11 石楼县耕地土壤 pH 平均值分类统计结果

类 别		pH		
		平均值	最小值	最大值
行政区域	灵泉镇	8.55	7.81	9.37
	罗村镇	8.28	7.81	8.75
	义牒镇	8.33	8.12	8.75
	小蒜镇	8.24	7.65	9.06
	龙交乡	8.23	7.81	8.90
	和合乡	8.38	7.96	9.21
	前山乡	8.48	7.81	9.06
	曹家垣乡	8.27	7.96	8.59
	裴沟乡	8.31	7.50	8.75
地形部位	沟谷地	8.39	7.50	9.21
	丘陵低山中、下部及坡麓平坦地	8.35	7.50	9.21
	山地和丘陵中、下部缓坡地段，地面有一定坡度	8.36	7.50	9.21
	中低山上、中部坡腰	8.37	7.81	9.37
土壤类型	亚类	粗骨土	8.30	7.96	8.59
		黄绵土	8.37	7.50	9.37
		栗褐土	8.32	7.81	9.06
	土属	红黄土质栗褐土	8.28	8.28	8.28
		洪积栗褐土	8.39	7.81	8.90
		黄绵土	8.37	7.50	9.37
		黄土质栗褐土	8.31	7.81	9.06
		黄土状栗褐土	8.59	8.59	8.59
		中性粗骨土	8.30	7.96	8.59

（续）

类　别			pH		
			平均值	最小值	最大值
土壤类型	土种	多砾洪栗黄土	8.52	8.12	8.90
		耕二合红栗黄土	8.28	8.28	8.28
		耕黄栗黄土	8.34	7.96	9.06
		耕坡黄绵土	8.38	7.50	9.37
		沟黄绵土	8.37	7.81	9.06
		洪栗黄土	8.34	7.81	8.90
		栗黄土	8.31	7.81	9.06
		崶黄绵土	8.39	7.96	9.06
		坡黄绵土	8.38	7.50	9.21
		沙泥质中性粗骨土	8.30	7.96	8.59
		卧栗黄土	8.59	8.59	8.59

注：表中土属、土种为原分类名。

（2）不同地形部位：沟谷地平均值最高，为8.39，最大值为9.21，最小值为7.50；依次是中低山上、中部坡腰，平均值8.37，最大值为9.37，最小值为7.81；山地和丘陵中、下部的缓坡地段，地面有一定的坡度平均值为8.36，最大值为9.21，最小值为7.50；最低是丘陵低山中、下部及坡麓平坦地，平均值为8.35，最大值为9.21，最小值为7.50。

（3）不同土壤类型：黄绵土平均值最高，为8.37，最大值为9.37，最小值为7.50；依次是栗褐土，平均值为8.32，最大值为9.06，最小值为7.81；最低是粗骨土，平均值为8.30，最大值为8.59，最小值为7.96。

二、耕层质地

土壤质地是土壤的重要物理性质之一，不同的质地对土壤肥力的高低、耕性的好坏、生产性能的优劣具有很大影响。

土壤质地亦称土壤机械组成，指不同粒径的颗粒在土壤中占有的比例组合。根据卡庆斯基质地分类，粒径大于0.01毫米为物理性沙粒，小于0.01毫米为物理性黏粒。根据其沙黏含量及其比例，主要可分为沙土、壤土、黏土3级。

石楼县耕层土壤质地82%以上为轻壤土，轻黏土和沙壤土占17%，其他土质面积较少。见表3-12。

表 3-12　石楼县土壤耕层质地概况

质地类型	耕种土壤（亩）	占耕种土壤（%）
松沙土	414.23	0.1
沙壤土	45 565.88	11.0
轻壤土	343 401.01	82.9
轻黏土	24 854.12	6.0
总计	414 235.24	100.0

三、土壤结构

构成土壤骨架的矿物质颗粒，在土壤中并非彼此孤立、毫无相关的堆积在一起，而往往是受各种作物胶结成形状不同、大小不等的团聚体。各种团聚体和单粒在土壤中的排列方式称为土壤结构。

土壤结构是土体构造的一个重要形态特征。它关系着土壤水、肥、气、热状况的协调，土壤微生物的活动和土壤耕性和作物根系的伸展，是影响土壤肥力的重要因素。

1. 石楼县土壤结构　石楼县除轻壤外，土壤结构均不良，由于有机质含量偏低，耕作土壤各层结构大致如下。

（1）耕作层：厚 17～23 厘米，团粒结构不明显，多为单粒、屑粒状结构。

（2）犁底层：厚约 10 厘米，深耕过的土壤不易见到。由于长期人为的作用形成了比较紧实的一层，多为片状结构。此结构通气性不良，影了上下层物质的转移与能量的传递及根系下扎。

（3）心土层：厚约 50 厘米，多为块状、碎块状和单粒结构。

（4）底土层：多为块状或单粒状结构。

2. 石楼县土壤不良结构　石楼县耕作土壤中，由于结构不良而使土体表现有以下不良性状：

（1）坷垃：出现在中壤—黏土质地上，多为耕作不适而形成，坷垃相互支撑使大孔隙增多，透风跑墒，不利于防旱保墒，影响种苗质量，不宜促苗。

（2）板结：出现在暴雨之后，土壤团聚体分散而成。板结影响了空气与土壤间气体和热量的正常交换，加速了水分蒸发，特别是对种子发芽出土、幼苗正常生长影响较大。

为了适应作物生长发育的需要和充分发挥土壤肥力的效应，要求土壤具有比较适宜的结构状况，其特点为上虚下实，土壤细碎成小团聚体状态，松紧适度，耕性良好。因此创造和改善良好的土壤结构是农业生产上夺取高产不可忽视的重要条件。

土壤结构是影响土壤孔隙状况、容重、持水能力、土壤养分等的重要因素。因此，创造和改善良好的土壤结构是农业生产上夺取高产稳产的重要措施。

四、土壤孔隙状况

土壤是多孔体，土粒、土壤团聚体之间以及团聚体内部均有孔隙。单位体积土壤孔隙所占的百分数，称土壤孔隙度，亦称总孔隙度。

土壤孔隙的数量、大小、形状很不相同，它是土壤水分与空气的流通通道和贮存场所，它密切影响着土壤中水、肥、气、热等因素的变化与供应情况。因此，了解土壤孔隙的大小、分布、数量和质量，在农业生产上有非常重要的意义。

土壤孔隙度的状况取决于土壤质地、结构、土壤有机质、土粒排列方式及人为因素等。黏土孔隙多而小，通透性差；沙质土孔隙少而粒间孔隙大，通透性强；壤土则孔隙大小比例适中。土壤孔隙可分3种类型。

1. 无效孔隙　孔隙直径小于 0.001 毫米，作物根毛难于伸入，为土壤结合水充满，孔隙中水分被土粒强烈吸附，故不能被植物吸收利用，水分不能运动也不通气，对作物来说是无效孔隙。

2. 毛管孔隙　孔隙直径在 0.001～0.1 毫米，具有毛管作用，水分可借毛管弯月面力保持贮存在内，并靠毛管引力向上下、左右移动，对作物是最有效水分。

3. 非毛细管孔隙　即孔隙直径大于 0.1 毫米的大孔隙，不具毛管作用，不保持水分，为通气孔隙，直接影响土壤通气、透水和排水的能力。

土壤孔隙一般在 30%～60%，对农业生产来说，土壤孔隙以稍大于 50% 为好，要求无效孔隙尽量低些。非毛管孔隙应保持在 10% 以上，若小于 5% 则通气、渗水性能不良。

石楼县耕层土壤总孔隙一般在 43%～58%。对农业来说这种孔隙状况还是比较适宜的。由于土壤质地的不同，其大小孔隙所占的比例也有一定的差异，质地细的大孔隙较少，质地粗的大孔隙较多。这也正是黏质土通透性不良，但保水保肥；沙质土通透性好，但易漏水漏肥的原因之一。因此，必须根据不同的土壤，采取不同的管理方法，调节其孔隙状况，是农业高产稳产的基础之一。

第六节　耕地土壤属性综述

石楼县 3 700 个样点测定结果表明，耕地土壤有机质平均含量为 12.77±3.31 克/千克，全氮平均含量为 0.64±0.12 克/千克，有效磷平均含量为 8.42±1.88 毫克/千克，速效钾平均含量为 140.22±27.93 毫克/千克，缓效钾平均含量为 839.30±98.59 毫克/千克，有效铁平均含量为 4.16±1.31 毫克/千克，有效锰平均值为 10.94±4.6 毫克/千克，有效铜平均含量为 1.12±0.34 毫克/千克，有效锌平均含量为 1.17±0.69 毫克/千克，pH 平均为 8.37±0.22，详见表 3 - 13。

表 3-13　石楼县耕地土壤属性总体统计结果

项目名称	点位数（个）	平均值	最大值	最小值	标准差	变异系数
有机质（克/千克）	3 700	12.77	36.9	4.57	3.31	0.26
全氮（克/千克）	3 700	0.64	0.27	1.29	0.12	0.19
有效磷（毫克/千克）	3 700	8.42	3.66	21.42	1.88	0.22
速效钾（毫克/千克）	3 700	140.22	296.73	70.60	27.93	0.20
缓效钾（毫克/千克）	3 700	839.30	1 380.37	132.02	98.59	0.12
有效铁（毫克/千克）	1 300	4.16	11.34	0.59	1.31	0.31
有效锰（毫克/千克）	1 300	10.94	37.33	2.81	4.6	0.42
有效铜（毫克/千克）	1 300	1.12	0.32	3.25	0.34	0.31
有效锌（毫克/千克）	1 300	1.17	4.49	0.14	0.69	0.59
pH	3 700	8.37	9.37	7.50	0.22	0.03

第四章 耕地地力评价

第一节 耕地地力分级

一、面积统计

石楼县耕地面积 41.42 万亩，其中水浇地 1.6 万亩，占总耕地面积的 3.86%；旱地 39.82 万亩，占总耕地面积的 96.14%。按照《全国耕地类型区、耕地地力等级划分》（NY/T 309—1996）标准，通过对 15 059 个评价单元 IFI 值的计算，对照分级标准，确定每个评价单元的地力等级，汇总结果见表 4-1。

表 4-1 石楼县耕地地力统计

国家等级	地方等级	面 积（亩）	所占比重（%）
四	一	35 158.47	8.49
五	二	56 132.87	13.55
六	三	79 511.06	19.19
七	四	114 185.7	27.57
	五	129 247.14	31.20
合计		414 235.24	100

二、地域分布

一级耕地主要分布在灵泉镇、罗村镇、龙交乡，面积为 35 158.47 亩，占全县总耕地面积的 8.49%。

二级耕地主要分布在灵泉镇、罗村镇、义牒镇、小蒜镇等，面积 56 132.87 亩，占总耕地面积的 13.55%。

三级耕地主要分布在灵泉镇、罗村镇、义牒镇、小蒜镇、龙交乡、裴沟乡、和合乡、前山乡，面积为 79 511.06 亩，占总耕地面积的 19.19%。

四级耕地主要分布在灵泉镇、罗村镇、义牒镇、小蒜镇、龙交乡、裴沟乡、和合乡、前山乡，面积 114 185.7 亩，占总耕地面积的 27.57%。

五级耕地主要分布在灵泉镇、罗村镇、义牒镇、小蒜镇、龙交乡、和合乡，面积

表 4-2 各乡（镇）不同等级耕地数量统计

乡镇	一级 面积（亩）	一级 百分比（%）	二级 面积（亩）	二级 百分比（%）	三级 面积（亩）	三级 百分比（%）	四级 面积（亩）	四级 百分比（%）	五级 面积（亩）	五级 百分比（%）	合计
灵泉镇	14 063.3	40.0	23 575.8	42.0	12 721.7	16.0	18 296.7	16.0	444.34	25.86	101.84
罗村镇	7 031.7	20.0	11 226.5	20.0	8 746.2	11.0	11 418.5	10.0	19 277.6	14.92	57 700.50
义牒镇	3 515.8	10.0	5 613.3	10.0	7 951.1	10.0	18 269.7	16.0	25 833.2	19.99	61 183.10
小蒜镇	3 515.8	10.0	5 613.3	10.0	11 131.5	14.0	11 418.5	10.0	3 500.2	2.71	35 179.30
龙交乡	5 273.8	15.0	4 490.6	8.0	7 951.1	10.0	11 418.5	10.0	4 002.3	3.10	33 136.30
和合乡	703.37	2.0	2 245.3	4.0	10 336.4	13.0	19 941.5	17.5	30 114.5	23.30	63 341.07
前山	0	0	1 122.6	2.0	9 541.3	12.0	12 560.4	11.0	1 383.4	1.07	24 607.70
曹家垣乡	0	0	561.57	1.0	1 590.46	2.0	1 727.1	1.5	1 317.3	1.02	5 196.43
裴沟乡	1 054.7	3.0	1 683.9	3.0	9 541.3	12.0	9 134.8	8.0	10 374.3	8.03	31 789.00
合计	35 158.47	100.0	56 132.87	100.0	79 511.06	100.0	114 185.7	100.0	129 247.14	100.0	414 235.24

129 247.14亩，占总耕地面积的 31.2%。

第二节　耕地地力等级分布

一、一级地

（一）面积和分布

本级耕地主要分布在灵泉镇、罗村镇、龙交乡，面积为 35 158.47 亩，占全县总耕地面积的 8.49%。

（二）主要属性分析

该级耕地包括黄绵土、粗骨土、栗褐土 3 个土类，耕层质地主要为松沙土、沙壤土、轻壤土、轻黏土。耕层厚度平均为 29 厘米，地面坡度为 0°～3°，耕层厚度平均值为 30 厘米，pH 的变化范围为 7.5～9.21，平均为 8.35。地势平缓，无侵蚀，保水，地下水位浅且水质良好，灌溉保证率为 85%，地面平坦，园田化水平高。

该级耕地土壤有机质平均含量 13.36 克/千克，有效磷平均含量为 8.94 毫克/千克，速效钾平均含量为 152.77 毫克/千克，全氮平均含量为 0.66 克/千克。详见表 4-3。

表 4-3　一级地土壤养分统计

项　　目	平均值	最大值	最小值	标准差	变异系数
有机质（克/千克）	13.36	26.99	5.67	3.10	0.23
全氮（克/千克）	0.66	1.17	0.27	0.11	0.16
有效磷（毫克/千克）	8.94	21.42	5.10	1.86	0.21
速效钾（毫克/千克）	152.77	293.47	73.86	27.38	0.18
缓效钾（毫克/千克）	866.84	1 260.79	467.20	94.21	0.11
pH	8.35	9.21	7.50	0.22	0.03
有效硫（毫克/千克）	14.70	120.08	3.91	10.98	0.75
有效锰（毫克/千克）	9.93	27.33	3.34	4.05	0.41
有效铜（毫克/千克）	1.06	2.53	0.36	0.27	0.25
有效锌（毫克/千克）	0.94	2.99	0.19	0.56	0.60
有效铁（毫克/千克）	4.15	10.34	0.59	1.31	0.32
有效硼（毫克/千克）	0.33	0.96	0.08	0.08	0.24

该级耕地农作物生产历来水平较高，从农户调查表来看，小麦平均亩产 420 千克，复播谷子亩产 450 千克，效益显著；蔬菜产量占全县的 5.5% 以上，是石楼县重要的蔬菜生产基地。

（三）主要存在问题

一是土壤肥力与高产高效的需求仍不适应；二是部分区域地下水资源贫乏，水位持续下降，更新深井，加大了生产成本；三是多年种菜的部分地块，化肥施用量不断提升，有机肥施用不足，引起土壤板结，土壤团粒结构分配不合理。影响土壤环境质量的障碍因素是城郊的极个别菜地污染。尽管国家有一系列的种粮优惠政策，但最近几年农资价格的飞速猛长，农民的种粮积极性严重受挫，对土壤进行粗放式管理。

（四）合理利用

该级耕地在利用上应从主攻高强筋优质小麦入手，大力发展设施农业，加快蔬菜生产的发展。突出区域特色经济作物如葡萄等产业的开发，复种作物重点发展谷子、蔬菜、杂粮。

二、二 级 地

（一）面积与分布

该级耕地主要分布在灵泉镇、罗村镇、义牒镇、小蒜镇等，面积 56 132.87 亩，占总耕地面积的 13.55%。

（二）主要属性分析

该级耕地包括黄绵土、粗骨土、栗褐土 3 个土类，耕层质地主要为松沙土、沙壤土、轻壤土、轻黏土。耕层厚度平均为 29 厘米，本级土壤 pH 在 7.50～9.21，平均为 8.35。

该级耕地土壤有机质平均含量 12.56 克/千克，有效磷平均含量为 8.47 毫克/千克，速效钾平均含量为 144.57 毫克/千克，全氮平均含量为 0.63 克/千克。详见表 4 - 4。

表 4 - 4　二级地土壤养分统计

项　　目	平均值	最大值	最小值	标准差	变异系数
有机质（克/千克）	12.56	30.95	4.57	3.61	0.29
全氮（克/千克）	0.63	1.16	0.35	0.12	0.19
有效磷（毫克/千克）	8.47	21.42	4.32	2.05	0.24
速效钾（毫克/千克）	144.57	273.86	70.60	28.52	0.20
缓效钾（毫克/千克）	856.96	1 300.65	434.00	97.58	0.11
pH	8.35	9.21	7.50	0.23	0.03
有效硫（毫克/千克）	16.06	126.74	3.91	13.36	0.83
有效锰（毫克/千克）	10.41	31.34	3.34	4.29	0.41
有效铜（毫克/千克）	1.07	2.56	0.38	0.28	0.26
有效锌（毫克/千克）	1.03	4.30	0.19	0.63	0.61
有效铁（毫克/千克）	4.24	11.34	0.76	1.38	0.33
有效硼（毫克/千克）	0.33	0.70	0.04	0.09	0.28

该级耕地所在区域为深井灌溉区，是石楼县的主要粮、瓜、果、菜产区，瓜、果、菜地的经济效益较高。粮食生产处于全县上游水平，是石楼县重要的粮、菜、果商品生产基地。

（三）主要存在问题

有机肥施用量少，由于产量高造成土壤肥力下降，农产品品质降低。

（四）合理利用

应"用养结合"，以培肥地力为主。一是合理布局，实行轮作、倒茬，尽可能做到须根与直根、深根与浅根、豆科与禾本科、夏作与秋作、高秆与矮秆作物轮作，使养分调剂，余缺互补；二是推广小麦、谷子秸秆两茬还田，提高土壤有机质含量；三是推广测土配方施肥技术，建设高标准农田。

三、三 级 地

（一）面积与分布

该级耕地主要分布在灵泉镇、罗村镇、义牒镇、小蒜镇、龙交乡、裴沟乡、和合乡、前山乡，面积为 79 511.06 亩，占总耕地面积的 19.19%。

（二）主要属性分析

该级耕地包括黄绵土、粗骨土、栗褐土 3 个土类，耕层质地主要为松沙土、沙壤土、轻壤土、轻黏土。耕层厚度平均为 29 厘米，本级耕地的 pH 变化范围为 7.65～9.21，平均为 8.37。

该级耕地土壤有机质平均含量为 12.12 克/千克，有效磷平均含量为 8.19 毫克/千克，速效钾平均含量为 137.63 毫克/千克，全氮平均含量为 0.63 克/千克。详见表 4 - 5。

表 4 - 5 三级地土壤养分统计

项　　目	平均值	最大值	最小值	标准差	变异系数
有机质（克/千克）	12.12	35.90	4.57	2.98	0.25
全氮（克/千克）	0.63	1.20	0.29	0.12	0.19
有效磷（毫克/千克）	8.19	19.06	3.99	1.77	0.22
速效钾（毫克/千克）	137.63	293.47	73.86	27.25	0.20
缓效钾（毫克/千克）	836.55	1 220.93	243.86	94.73	0.11
pH	8.37	9.21	7.65	0.21	0.03
有效硫（毫克/千克）	18.46	113.42	4.77	12.38	0.67
有效锰（毫克/千克）	11.07	36.00	2.81	4.92	0.44
有效铜（毫克/千克）	1.13	2.79	0.34	0.37	0.32
有效锌（毫克/千克）	1.20	4.40	0.14	0.72	0.60
有效铁（毫克/千克）	4.14	10.67	1.09	1.28	0.31
有效硼（毫克/千克）	0.31	0.86	0.06	0.10	0.32

该级耕地所在区域，粮食生产水平较高。据调查统计，小麦平均亩产 350 千克，复播谷子或杂粮平均亩产 240 千克以上，效益较好。

（三）主要存在问题

该级耕地的微量元素含量偏低。

（四）合理利用

（1）科学种田：该级耕地农业生产水平属中上等水平，就土壤、水利条件而言，并没有充分显示出高产性能。因此，应采用先进的栽培技术，如选用优种、科学管理、平衡施肥等。施肥上，应多喷一些硫酸铁、硼砂、硫酸锌等，充分发挥土壤的丰产性能，夺取各种作物高产。

（2）作物布局：该级耕地今后应在种植业发展方向上主攻优质小麦生产的同时，抓好无公害果树的生产。麦后复播田应以谷子、蔬菜、豆类作物为主，复种指数控制在40％左右。

四、四 级 地

（一）面积与分布

该级耕地主要分布在灵泉镇、罗村镇、义牒镇、小蒜镇、龙交乡、裴沟乡、和合乡、前山乡，面积114 185.7亩，占总耕地面积的27.57％。

（二）主要属性分析

该级耕地包括黄绵土、粗骨土、栗褐土3个土类，耕层质地主要为松沙土、沙壤土、轻壤土、轻黏土。耕层厚度平均为29厘米，地面基本平坦，地面坡度0°～20°，园田化水平较低。本级土壤pH在7.81～9.37，平均为8.38。

该级耕地土壤有机质平均含量14.7克/千克，全氮平均含量为0.68克/千克，有效磷平均含量为9.10毫克/千克，速效钾平均含量为146.39毫克/千克，有效铜平均含量为1.09毫克/千克，有效锰平均含量为11.10毫克/千克，有效锌平均含量为1.24毫克/千克，有效铁平均含量为4.07毫克/千克。详见表4-6。

表4-6　四级地土壤养分统计

项　　目	平均值	最大值	最小值	标准差	变异系数
有机质（克/千克）	14.70	32.60	6.00	3.08	0.21
全氮（克/千克）	0.68	1.29	0.31	0.12	0.17
有效磷（毫克/千克）	9.10	21.42	4.98	1.91	0.21
速效钾（毫克/千克）	146.39	296.73	86.93	28.00	0.19
缓效钾（毫克/千克）	841.40	1 380.37	204.06	97.32	0.12
pH	8.38	9.37	7.81	0.23	0.03
有效硫（毫克/千克）	21.93	126.74	4.77	15.29	0.70
有效锰（毫克/千克）	11.10	29.33	3.34	4.12	0.37
有效铜（毫克/千克）	1.09	3.25	0.32	0.30	0.28
有效锌（毫克/千克）	1.24	4.20	0.18	0.67	0.54
有效铁（毫克/千克）	4.07	10.67	0.76	1.34	0.33
有效硼（毫克/千克）	0.29	0.93	0.06	0.10	0.36

主要种植作物以谷子、杂粮为主，谷子平均亩产量为520千克，杂粮平均亩产150千克以上，均处于石楼县的中等偏低水平。

（三）主要存在问题

一是灌溉条件较差，干旱较为严重；

二是本级耕地的中量元素镁、硫含量偏低，微量元素的硼、铁、锌含量偏低，今后在施肥时应合理补充。

（四）合理利用

平衡施肥。中产田的养分失调，大大地限制了作物增产。因此，要在不同区域的中产田上，大力推广平衡施肥技术，进一步提高耕地的增产潜力。

五、五 级 地

（一）面积与分布

该级耕地主要分布在灵泉镇、罗村镇、义牒镇、小蒜镇、龙交乡、和合乡，面积129 247.14亩，占总耕地面积的31.2%。

（二）主要属性分析

该级耕地包括黄绵土、粗骨土、栗褐土3个土类，耕层质地主要为松沙土、沙壤土、轻壤土、轻黏土。耕层厚度平均为29厘米，地面坡度0°～3°，pH在7.81～9.06，平均为8.36。

该级耕地土壤有机质平均含量11.29克/千克，有效磷平均含量为7.73克/千克，速效钾平均含量为129.10毫克/千克，全氮平均含量为0.60克/千克。详见表4-7。

表 4-7　五级地土壤养分统计

项　目	平均值	最大值	最小值	标准差	变异系数
有机质（克/千克）	11.29	23.64	4.57	2.73	0.24
全氮（克/千克）	0.60	1.17	0.32	0.11	0.19
有效磷（毫克/千克）	7.73	16.75	3.66	1.53	0.20
速效钾（毫克/千克）	129.10	273.86	70.60	23.74	0.18
缓效钾（毫克/千克）	819.82	1 260.79	132.02	100.41	0.12
pH	8.36	9.06	7.81	0.20	0.02
有效硫（毫克/千克）	16.72	60.08	4.77	9.58	0.57
有效锰（毫克/千克）	11.36	37.33	3.34	5.04	0.44
有效铜（毫克/千克）	1.18	2.69	0.34	0.40	0.34
有效锌（毫克/千克）	1.24	4.49	0.18	0.73	0.59
有效铁（毫克/千克）	4.24	10.00	0.76	1.26	0.30
有效硼（毫克/千克）	0.32	1.20	0.06	0.10	0.33

种植作物以谷子、杂粮为主，据调查统计，谷子平均亩产 500 千克，杂粮平均亩产 100 千克以上。

（三）主要存在问题

耕地土壤养分中量，微量元素为中等偏下，地下水位较深，浇水困难。

（四）合理利用

改良土壤，主要措施是除增施有机肥、秸秆还田外，还应种植苜蓿、豆类等养地作物，通过轮作倒茬，改善土壤理化性质。在施肥上除增加农家肥施用量外，应多施氮肥、平衡施肥，搞好土壤肥力协调。丘陵区整修梯田，培肥地力，防蚀保土，建设高产基本农田。

第五章 中低产田类型、分布及改良利用

第一节 中低产田类型及分布

中低产田是指存在各种制约农业生产的土壤障碍因素，产量相对低而不稳定的耕地。

通过对石楼县耕地地力状况的调查，根据土壤主导障碍因素的改良主攻方向，依据中华人民共和国农业部发布的行业标准 NY/T 310—1996，引用忻州市耕地地力等级划分标准，结合实际进行分析，石楼县中低产田包括如下 3 个类型：干旱灌溉型、瘠薄培肥型和坡地梯改型。中低产田面积为 379 197.58 亩，占总耕地面积的 91.54%。各类型面积情况统计见表 5 - 1。

表 5 - 1　石楼县中低产田各类型面积情况统计

类　　型	面积（亩）	占耕地总面积（%）	占中低产田面积（%）
干旱灌溉型	21 095.13	5.09	5.56
瘠薄培肥型	322 943.90	77.96	85.17
坡地梯改型	35 158.55	8.49	9.27
合　　计	379 197.58	91.54	100

一、干旱灌溉型

干旱灌溉型是指由于气候条件造成的降水不足或季节性出现不均，又缺少必要的调蓄手段，以及地形、土壤性状等方面的原因，造成的保水蓄水能力的缺陷，不能满足作物正常生长对水分的需求，但又具备水源开发条件，可以通过发展灌溉加以改良的耕地。地形部位为丘陵低山中、下部及坡麓平坦地，一般可以将旱地发展为水浇地，其改良方向为发展灌溉。

石楼县干旱灌溉型中低产面积 21 095.13 亩，占全县总耕地面积的 5.09%，占中低产田面积的 5.56%。共有评价单元 646 个，分布在全县各乡（镇）的各个村庄。

二、瘠薄培肥型

瘠薄培肥型是指受气候、地形条件限制，造成干旱、缺水、土壤养分含量低、结构不良、投肥不足、产量低于当地高产农田，只能通过连年深耕、培肥土壤、改革耕作制度、推广旱作农业技术等长期性的措施逐步加以改良的耕地。

石楼县瘠薄培肥型中低产田面积为 322 943.9 亩，占总耕地面积的 77.96%，占中低

产田面积的 85.17%。共有 11 327 个评价单元，分布在全县各乡（镇）。

三、坡地梯改型

坡地梯改型是指主导障碍因素为土壤侵蚀，以及与其相关的地形、地面坡度、土体厚度、土体构型与物质组成、耕作熟化层厚度与熟化程度等，需要通过修筑梯田埂等田间水保工程加以改良治理的坡耕地。地形部位主要为低山地、丘陵坡地、沟谷梁峁坡。

石楼县坡地梯改型中低产田面积为 35 158.55 亩，占总耕地面积的 8.49%，占中低产田面积的 9.27%。共有 1 252 个评价单元，涉及灵泉镇、罗村镇和龙交乡 3 个乡（镇）的部分村庄。

第二节　生产性能及存在问题

一、干旱灌溉型

该类型区域土壤轻度侵蚀或中度侵蚀，多数为旱耕地，土壤类型是潮土、粗骨土、褐土、棕壤。土壤母质为洪积物、石灰性砾质洪积物、黄土母质、沙质黄土母质（物理黏粒含量<30%）、冲积物。耕层质地主要为松沙土、沙壤土、轻壤土、轻黏土、中黏土。耕层厚度平均为 29 厘米，地力等级为 3~5 级，耕层养分含量有机质 15.56 克/千克，全氮 0.68 克/千克，有效磷 9.43 毫克/千克，速效钾 152.39 毫克/千克。存在的主要问题是土层较薄、土壤贫瘠，干旱缺水，土质粗劣，肥力较差。见表 5 - 2。

表 5 - 2　干旱灌溉型土壤养分统计

项　　目	平均值	最小值	最大值
有机质（克/千克）	15.56	6.99	30.95
全氮（克/千克）	0.68	0.37	1.16
有效磷（毫克/千克）	9.43	4.65	21.42
速效钾（毫克/千克）	152.39	90.20	273.86
缓效钾（毫克/千克）	859.42	550.20	1 160.09
有效硫（毫克/千克）	22.95	4.77	126.74
有效锰（毫克/千克）	11.35	4.40	27.33
有效硼（毫克/千克）	0.29	0.04	0.60
有效铜（毫克/千克）	1.08	0.46	2.14
有效锌（毫克/千克）	1.25	0.23	2.90
有效铁（毫克/千克）	4.00	0.92	10.00

二、瘠薄培肥型

该类型区地面坡度 0°～2°，园田化水平低，土壤类型是潮土、褐土、粗骨土。土壤母质为洪积物、石灰性砾质洪积物、黄土母质，耕层质地主要为松沙土、轻壤土。耕层厚度平均为 29 厘米，地力等级为 4～5 级。耕层养分含量有机质 12.71 克/千克，全氮 0.64 克/千克，有效磷 8.33 毫克/千克，速效钾 137.46 毫克/千克。存在的主要问题是土质粗劣，水土流失比较严重。见表 5-3。

表 5-3　瘠薄培肥型土壤养分统计

项　　目	平均值	最小值	最大值
有机质（克/千克）	12.71	4.57	35.90
全氮（克/千克）	0.64	0.29	1.29
有效磷（毫克/千克）	8.33	3.66	21.42
速效钾（毫克/千克）	137.46	70.60	296.73
缓效钾（毫克/千克）	831.90	132.02	1 380.37
有效硫（毫克/千克）	19.02	4.77	126.74
有效锰（毫克/千克）	11.19	2.81	37.33
有效硼（毫克/千克）	0.30	0.06	1.20
有效铜（毫克/千克）	1.14	0.32	3.25
有效锌（毫克/千克）	1.23	0.14	4.49
有效铁（毫克/千克）	4.15	0.76	10.67

三、坡地梯改型

该类型区地面坡度 0°～3°，园田化水平低，土壤类型是潮土、褐土。土壤母质为洪积物、石灰性砾质洪积物、黄土母质、沙质黄土母质（物理黏粒含量＜30％）、冲积物。耕层质地主要为松沙土、紧沙土、沙壤土、轻壤土、轻黏土。耕层厚度平均为 29 厘米，地力等级为 3 级。耕层养分含量有机质 11.03 克/千克，全氮 0.61 克/千克，有效磷 7.98 毫克/千克，速效钾 140.60 毫克/千克。存在的主要问题是土壤盐分过高，植物吸水困难，天气稍旱，作物就会生理性缺水。见表 5-4。

表 5-4　坡地梯改型土壤养分统计

项　　目	平均值	最小值	最大值
有机质（克/千克）	11.03	4.57	22.98
全氮（克/千克）	0.61	0.35	1.00
有效磷（毫克/千克）	7.98	4.32	17.08

（续）

项　目	平均值	最小值	最大值
速效钾（毫克/千克）	140.60	70.60	240.20
缓效钾（毫克/千克）	856.03	434.00	1 300.65
有效硫（毫克/千克）	12.50	3.91	56.75
有效锰（毫克/千克）	9.92	3.34	31.34
有效硼（毫克/千克）	0.35	0.08	0.70
有效铜（毫克/千克）	1.07	0.38	2.56
有效锌（毫克/千克）	0.93	0.19	4.30
有效铁（毫克/千克）	4.35	0.76	11.34

第三节　改良利用措施

石楼县中低产田面积为 379 197.58 亩，占总耕地面积的 91.54%。严重影响全县农业生产的发展和农业经济效益的提高，应因地制宜进行改良。

总体上讲，中低产田的改良、耕作、培肥是一项长期而艰巨的任务。通过工程、生物、农艺、化学等综合措施，消除或减轻中低产田土壤限制农业产量提高的各种障碍因素，提高耕地基础地力，其中耕作培肥对中低产田的改良效果是极其显著的。

具体措施如下：

1. 工程措施操作规程　根据地形和地貌特征，进行详细的测量规划，计算土方量，绘制了规划图，为项目实施提供科学的依据，并提出实施方案。涉及内容包括里切外垫、整修地埂和生产道路。

（1）里切外垫操作规程：一是就地填挖平衡，土方不进不出；二是平整后从外到内要形成 1°的坡度。

（2）修筑田埂操作规程：要求地埂截面梯形，上宽 0.3 米，下宽 0.4 米，高 0.5 米，其中有 0.25 米在活土层以下。

（3）生产道路操作规程按有关标准执行。

2. 增施畜禽肥培肥技术　利用周边养殖农户多的有利条件，亩增施农家肥 1 吨、48千克"万特牌"有机肥，待作物收获后及时旋耕深翻入土。

3. 小麦秸秆旋耕覆盖还田技术　利用秸秆还田机，把小麦秸秆粉碎，亩用小麦秸秆200 千克；或采用深翻使秸秆翻入地里；或用深松机进行深松作业。并增施氮肥（尿素）2.5 千克，撒于地面，深耕入土，要求深翻 30 厘米以上。

4. 测土配方施肥技术　根据化验结果、土壤供肥性能、作物需肥特性、目标产量、肥料利用率等因子，拟定小麦配方施肥方案如下：旱地：产量＞250 千克/亩，施纯氮（N）-磷（P_2O_5）-钾（K_2O）为 10-6-0 千克/亩；产量 150～250 千克/亩，施纯氮-磷-钾为 8-6-0 千克/亩；产量＜150 千克/亩，施纯氮-磷-钾为 6-4-0 千克/亩。

5. 绿肥翻压还田技术　小麦收获后，结合第一场降水，因地制宜地种植绿豆等豆科绿肥。将绿肥种子 3 千克加 5 千克硝酸磷复合肥，用旋耕播种机播种。待绿肥植株长到一定程度，为了确保绿肥腐烂，不影响小麦播种，结合伏天降水用旋耕机将绿肥植株粉碎后翻入土中。

6. 施用抗旱保水剂技术 小麦播种前，用抗旱保水剂 1.5 千克与有机肥均匀混合后施入土中；或于小麦生长后期进行多次喷施。

7. 增施硫酸亚铁熟化技术 经过里切外垫后的地块，采用土壤改良剂硫酸亚铁进行土壤熟化。动土方量小的地块，每亩用硫酸亚铁 20～30 千克；动土方量大的地块，每亩用 30～40 千克。于小麦收获后按要求均匀施入。

8. 深耕增厚耕作层技术 采用 60 拖拉机悬挂深耕松犁或带 4～6 铧深耕犁，在小麦收获后进行土壤深松耕，要求耕作深度 30 厘米以上。

然而，不同的中低产田类型有其自身的特点，在改良利用中应针对这些特点，采取相应的措施，现分述如下。

一、干旱灌溉型中低产田的改良利用

1. 水源开发及调蓄工程 石楼县的干旱灌溉型耕地分布广，面积相对较大，对于具备水源开发条件的地区，适当增加水井，修筑一定数量的调水、蓄水工程，以保证一年一熟的耕地可以浇水 3～4 次，毛灌定额 300～400 立方米/亩。

2. 田间工程及平整土地 具体措施如下：一是平田整地采取小畦浇灌，节约用水，扩大浇水面积；二是积极发展管灌、滴灌，提高水的利用率；三是在黄河、恢河的二级阶地适量增加深井外，要进一步修复和提高电灌的潜力，扩大灌溉面积；四是要充分发挥河流灌溉的作用，可采取多种措施，增加灌溉面积。

二、瘠薄培肥型中低产田的改良利用

建设基本农田，实行集约经营。建设基本农田应因地制宜，不搞"一刀切"，应根据土地状况、生产水平、经济条件制订近期和长远规划。本着既不影响当年收入、又合乎当地改善生态环境要求的原则，退耕地和荒地大搞植被建设，土层薄（50 厘米以下）的种草灌、发展畜牧业；土层厚的（50 厘米以上）还林。在土层厚度大于 1 米的耕地上，分年建设"少而精"的基本农田。人均耕地逐步达到 4 亩左右即可。以县为单位达到粮食自给、林牧丰收的目的。

1. 合理施用肥料，增施有机肥 增施肥料，尤其是大量增施有机肥料，促进土壤熟化，培肥土壤，提高单产。土壤有机质的多少是衡量土壤肥力高低，区分好地、坏地的主要标志。只有富含有机质的土壤，才能形成大量水稳性团粒，使土壤中固、液、气 3 项协调，具有主动调节土壤水、肥、气、热状况的良好能力，协调植物与环境间的相互关系，充分发挥各种增产措施的最大效益，创造出高产、稳产、低成本的农业。土壤有机质在土壤中是不断进行分解和合成的，有机质的分解矿化释放出各种营养元素供作物吸收利用，加入土壤中的有机质（有机肥、作物残体等）在土壤微生物、土壤酶、土壤动物等因素的作用下形成新的土壤有机质。所以只有保证有一定数量的有机物质归还土壤，土壤有机质才能维持一定的水平，否则就会下降。合理施用化肥，目前全县主要农作物以施用化肥为主，有机肥用量较少。但石楼县土地广阔，耕地面积多，土壤有机质的增加主要依靠小麦、谷子秸秆还田，要使土壤有机质提高到 10 克/千克以上，必须大量增施有机肥料，亩施优质有机肥料必须达到 1 500～2 500 千克，即有机肥的数量须在现有基础上增加 2～3倍。增加这样多的肥料单凭积肥是困难的，须通过综合途径，从各方面增加土壤有机肥料。广泛利用荒山、荒坡、中低产田推行草田轮作，种植绿肥牧草，发展畜牧业，走农牧业相结合的有机农业道路。

2. 开辟肥源，搞好秸秆还田和沤肥　首先，应大力宣传和示范秸秆肥的效果，提高秸秆肥的质量，改变人们对秸秆肥的认识；其次，解决燃料和肥料间的矛盾，充分利用本地煤多的优势，改善无煤区的煤炭供应，以煤炭换取秸秆；最后，可在农村发展多种能源，如沼气、太阳能等，解决燃料问题。

3. 秋深耕施肥　山丘旱薄低产田，土壤贫瘠、保蓄水分能力低，极易发生干旱。在这种干旱缺水的地区，土壤水分极其宝贵，每年秋、春两次翻地，造成大量跑墒，加重了旱情，特别是春季春墒贵如油。变春耕施肥为秋耕施肥，较好地解决了这一矛盾。这是有机旱作的组成部分，是实现农业生产粮食翻番的重要措施。目前石楼县在山区大力推广秋耕施肥的旱地高产经验。

三、坡地梯改型中低产田的改良利用

通过修筑土埂、种植生物埂、里切外垫、小平小整、增施商品有机肥、测土配方施肥、施用保水剂、改良剂、加厚土壤耕作层（厚度达到 30 厘米）等，使土壤变成保土、保肥、保水的"三保田"。

1. 梯田工程　此类地形区的深厚黄土层为修建水平梯田创造了条件。梯田可以减少坡长，使地面平整，变降水的坡面径流为垂直入渗，防止水土流失，增强土壤水分储备和抗旱能力，可采用缓坡修梯田、陡坡种林草，增加地面覆盖度。

2. 增加梯田土层及耕作熟化层厚度　新建梯田的土层厚度相对较薄，耕作熟化程度较低。梯田土层厚度及耕作熟化层厚度的增加是这类田地改良的关键。梯田土层厚度的一般标准为：土层厚大于 80 厘米，耕作熟化层厚度大于 20 厘米，有条件的应达到土层厚大于 100 厘米，耕作熟化层厚度大于 25 厘米。

3. 农、林、牧并重　此类耕地今后的利用方向应是农、林、牧并重，因地制宜、全面发展。此类耕地应发展种草、植树，扩大林地和草地面积，促进养殖业发展，将生态效益和经济效益结合起来。

实践证明，工程措施和农艺措施的有机结合，不仅有效地防止水土流失，还有利于保水保肥、节本增效。实施里切外垫，避免产生地面径流，可以做到盈蓄缺补，有利于机械作业。建设地埂和生物埂，进行必要的梯田加固并利用柠条植株根系的作用，可以做到防风、固土、蓄水，保持水土流失。加厚耕作层，通过深松、深耕翻达到加深耕层，疏松土壤，增加孔隙，增强雨水入渗速度和数量，避免产生地面径流。施用土壤改良剂，由于土壤结构被破坏，在生土熟化过程中，施用土壤改良剂加快了生土熟化进程。喷施保水剂，由于高温伏旱，蒸腾蒸发系数大、土壤墒情差，喷施保水剂，可减少叶面蒸腾蒸发，保持作物体内水分。通过增施有机肥来提高土壤有机质含量，改善土壤团粒结构，提高土壤的保水保肥能力。通过测土配方施肥和化肥深施来提高肥料利用率，保证在作物的整个生长期都有充足的肥力。少耕、穴灌聚肥节水，通过配置集开穴、灌水、施肥、播种、覆膜为一体的多功能农机具，将少耕免耕、农田节水、科学施肥、地膜覆盖技术集于一体，确保春播作物出苗率、增强幼苗抗逆性、避免旱、寒等不利因素对农业生产的影响，大幅度提高了旱地农作物产量。

第六章　耕地地力评价与测土配方施肥

第一节　测土配方施肥的原理与方法

一、测土配方施肥的含义

测土配方施肥是以肥料田间试验、土壤测试为基础，根据作物需肥规律、土壤供肥性能和肥料效应，在合理施用有机肥料的基础上，提出氮、磷、钾及中、微量元素等肥料的施用品种、数量、施肥时期和施用方法。通俗地讲，就是在农业科技人员指导下科学施用配方肥。测土配方施肥技术的核心是调整和解决作物需肥与土壤供肥之间的矛盾。同时有针对性地补充作物所需的营养元素，作物缺什么元素就补充什么元素，需要多少补充多少，实现各种养分平衡供应，满足作物的需要。达到增加作物产量、改善农产品品质、节省劳力、节支增收的目的。

二、应用前景

土壤有效养分是作物营养的主要来源，施肥是补充和调节土壤养分数量与补充作物营养最有效的手段之一。作物因其种类、品种、生物学特性、气候条件以及农艺措施等诸多因素的影响，其需肥规律差异较大。因此，及时了解不同作物种植土壤中的土壤养分变化情况，对于指导科学施肥具有广阔的发展前景。

测土配方施肥是一项应用性很强的农业科学技术，在农业生产中大力推广应用，对促进农业增效、农民增收具有十分重要的作用。通过测土配方施肥的实施，能达到 5 个目标。一是节肥增产，在合理施用有机肥的基础上，提出合理的化肥投入量，调整养分配比，使作物产量在原有基础上能最大限度地发挥其增产潜能。二是提高农产品品质，通过田间试验和土壤养分化验，在掌握土壤供肥状况，优化化肥投入的前提下，科学调控作物所需养分的供应，达到改善农产品品质的目标。三是提高肥效，在准确掌握土壤供肥特性、作物需肥规律和肥料利用率的基础上，合理设计肥料配方，从而达到提高产投比和增加施肥效益的目标。四是培肥改土，实施测土配方施肥必须坚持用地与养地相结合、有机肥与无机肥相结合，在逐年提高作物产量的基础上，不断改善土壤的理化性状，达到培肥和改良土壤，提高土壤肥力和耕地综合生产能力，实现农业可持续发展。五是生态环保，实施测土配方施肥，可有效地控制化肥特别是氮肥的投入量，提高肥料利用率，减少肥料的面源污染，避免因施肥引起的富营养化，实现农业高产和生态环保相协调的目标。

三、测土配方施肥的依据

（一）土壤肥力是决定作物产量的基础

肥力是土壤的基本属性和质的特征，是土壤从养分条件和环境条件方面，供应和协调作物生长的能力。土壤肥力是土壤的物理、化学、生物学性质的反映，是土壤诸多因子共同作用的结果。农业科学家通过大量的田间试验和示踪元素的测定证明，作物产量的构成，有 40％～80％ 的养分吸收自土壤。养分吸收自土壤比例的大小和土壤肥力的高低有着密切的关系，土壤肥力越高，作物吸自土壤养分的比例就越大。相反，土壤肥力越低，作物吸自土壤的养分越少，那么肥料的增产效应相对增大，但土壤肥力低绝对产量也低。要提高作物产量，首先要提高土壤肥力，而不是依靠增加肥料。因此，土壤肥力是决定作物产量的基础。

（二）有机与无机相结合、大中微量元素相配合、用地和养地相结合

测土配方施肥的主要原则是必须以有机肥为基础，土壤有机质含量是土壤肥力的重要指标。增施有机肥可以增加土壤有机质含量，改善土壤理化、生物性状，提高土壤保水保肥性能，增强土壤活性，促进化肥利用率的提高，各种营养元素的配合才能获的高产稳产。要使作物—土壤—肥料形成物质和能量的良性循环，必须坚持用养结合，投入、产出相对平衡，保证土壤肥力的逐步提高，达到农业的可持续发展。

（三）理论依据

测土配方施肥是以养分归还学说，最小养分律、同等重要律、不可替代律、肥料效应报酬递减律和因子综合作用律等为理论依据，以确定不同养分的施肥总量和肥料配比为主要内容。同时注意良种、田间管护等影响肥效的诸多因素，形成了测土配方施肥的综合资源管理体系。

1. 养分归还学说　作物产量的形成有 40％～80％ 的养分来自土壤。但不能把土壤看作一个取之不尽、用之不竭的"养分库"。为保证土壤有足够的养分供应容量和强度，保证土壤养分的输出与输入间的平衡，必须通过施肥这一措施来实现。依靠施肥可以把作物吸收的养分"归还"土壤，确保土壤肥力。

2. 最小养分律　作物生长发育需要吸收各种养分，但严重影响作物生长，限制作物产量的是土壤中那种相对含量最小的养分因素，也就是最缺的那种养分。如果忽视这个最小养分，既使继续增加其他养分，作物产量也难以提高。只有增加最小养分的量，产量才能相应提高。经济合理的施肥是将作物所缺的各种养分同时按作物所需比例相应提高，作物才会优质高产。

3. 同等重要律　对作物来讲，不论大量元素或微量元素，都是同样重要、缺一不可的。既使缺少的是某一种微量元素，尽管它的需要量很少，仍会影响作物的某种生理功能而导致减产。微量元素和大量元素同等重要，不能因为需要量少而忽略。

4. 不可替代律　作物需要的各种营养元素，在作物体内都有一定的功效，相互之间不能替代，缺少什么营养元素，就必须施用含有该元素的肥料进行补充，不能互相替代。

5. 肥料效应报酬递减率　随着投入的单位劳动和资本量的增加，报酬的增加却在减

少，当施肥量超过适量时，作物产量与施肥量之间单位施肥量的增产会呈递减趋势。

6. 因子综合作用律 作物产量的高低是由影响作物生长发育诸因素综合作用的结果，但其中必有一个起主导作用的限制因子，产量在一定程度上受该限制因素的制约。为了充分发挥肥料的增产作用和提高肥料的经济效益，一方面，施肥措施必须与其他农业技术措施相结合，发挥生产体系的综合功能；另一方面，各种养分之间的配合施用，也是提高肥效不可忽视的问题。

四、测土配方施肥确定施肥量的基本方法

（一）土壤与植物测试推荐施肥方法

该技术综合了目标产量法、养分丰缺指标法和作物营养诊断法的优点。对于大田作物，在综合考虑有机肥、作物秸秆应用和管理措施的基础上，根据氮、磷、钾和中、微量元素养分的不同特征，采取不同的养分优化调控与管理策略。其中，氮肥推荐根据土壤供氮状况和作物需氮量，进行实时动态监测和精确调控，包括基肥和追肥的调控；磷、钾肥通过土壤测试和养分平衡进行监控；中、微量元素采用因缺补缺的矫正施肥策略。因此该技术包括氮素实时监控，磷钾养分恒量监控和中、微量元素养分矫正施肥技术。

1. 氮素实时监控施肥技术 根据不同土壤、不同作物、不同目标产量确定作物需氮量，以需氮量的30％～60％作为基肥用量。具体基施比例根据土壤全氮含量，同时参照当地丰缺指标来确定。一般在全氮含量偏低时，采用需氮量的50％～60％作为基肥；在全氮含量居中时，采用需氮量的40％～50％作为基肥；在全氮含量偏高时，采用需氮量的30％～40％作为基肥。30％～60％的基肥比例可根据上述方法确定，并通过"3414"田间试验进行校验，建立当地不同作物的施肥指标体系。有条件的地区可在播种前对0～20厘米土壤无机氮进行监测，调节基肥用量。

$$基肥用量（千克/亩）=\frac{（目标产量需氮量-土壤无机氮）\times（30\%～60\%）}{肥料中养分含量\times肥料当季利用率}$$

其中：土壤无机氮（千克/亩）＝土壤无机氮测试值（毫克/千克）×0.15×校正系数。

氮肥追肥用量推荐以作物关键生育期的营养状况诊断或土壤硝态氮的测试为依据，这是实现氮肥准确推荐的关键环节，也是控制过量施氮或施氮不足、提高氮肥利用率和减少损失的重要措施。测试项目主要是土壤全氮含量、土壤硝态氮含量或小麦拔节期茎基部硝酸盐浓度、谷子最新展开叶叶脉中部硝酸盐浓度。

2. 磷钾养分恒量监控施肥技术 根据土壤有（速）效磷、钾含量水平，以土壤有（速）效磷、钾养分不成为实现目标产量的限制因子为前提，通过土壤测试和养分平衡监控，使土壤有（速）效磷、钾含量保持在一定范围内。对于磷肥，基本思路是根据土壤有效磷测试结果和养分丰缺指标进行分级，当有效磷水平处在中等偏上时，可以将目标产量需要量（只包括带出田块的收获物）的100％～110％作为当季磷肥用量；随着有效磷含量的增加，需要减少磷肥用量，直至不施；随着有效磷的降低，需要适当增加磷肥用量，在极缺磷的土壤上，可以施到需要量的150％～200％。在2～3年后再次测土时，根据土

壤有效磷和产量的变化再对磷肥用量进行调整。钾肥首先需要确定施用钾肥是否有效，再参照上面的方法确定钾肥用量，但需要考虑有机肥和秸秆还田带入的钾量。一般大田作物磷、钾肥料全部做基肥。

3. 中微量元素养分矫正施肥技术 中、微量元素养分的含量变幅大，作物对其需要量也各不相同。主要与土壤特性（尤其是母质）、作物种类和产量水平等有关。矫正施肥就是通过土壤测试，评价土壤中、微量元素养分的丰缺状况，进行有针对性的因缺补缺施肥。

（二）肥料效应函数法

根据"3414"方案田间试验结果建立当地主要作物的肥料效应函数，直接获得某一区域和某种作物的氮、磷、钾肥料的最佳施用量，为肥料配方和施肥推荐提供依据。

（三）土壤养分丰缺指标法

通过土壤养分测试结果和田间肥效试验结果，建立不同作物、不同区域的土壤养分丰缺指标，提供肥料配方。

土壤养分丰缺指标田间试验也可采用"3414"部分实施方案。"3414"方案中的处理1为空白对照（CK），处理6为全肥区（NPK），处理2、4、8为缺素区（即PK、NK和NP）。收获后计算产量，用缺素区产量占全肥区产量的百分数即相对产量的高低来表达土壤养分的丰缺情况。相对产量低于50%的土壤养分为极低；相对产量50%～60%（不含）为低，60%～70%（不含）为较低，70%～80%（不含）为中，80%～90%（不含）为较高，90%（含）以上为高（也可根据当地实际确定分级指标），从而确定适用于某一区域、某种作物的土壤养分丰缺指标及对应的肥料施用数量。对该区域其他田块，通过土壤养分测试，就可以了解土壤养分的丰缺状况，提出相应的推荐施肥量。

（四）养分平衡法

1. 基本原理与计算方法 根据作物目标产量需肥量与土壤供肥量之差估算施肥量，计算公式为：

$$施肥量（千克/亩）=\frac{目标产量所需养分总量-土壤供肥量}{肥料中养分含量×肥料当季利用率}$$

养分平衡法涉及目标产量、作物需肥量、土壤供肥量、肥料利用率和肥料中有效养分含量五大参数。土壤供肥量即为"3414"方案中处理1的作物养分吸收量。目标产量确定后因土壤供肥量的确定方法不同，形成了地力差减法和土壤有效养分校正系数法两种。

地力差减法是根据作物目标产量与基础产量之差来计算施肥量的一种方法。其计算公式为：

$$施肥量（千克/亩）=\frac{（目标产量-基础产量）×单位经济产量养分吸收量}{肥料中养分含量×肥料利用率}$$

基础产量即为"3414"方案中处理1的产量。

土壤有效养分校正系数法是通过测定土壤有效养分含量来计算施肥量。其计算公式为：

$$施肥量（千克/亩）=\frac{养分系数×目标产量-土壤测试值×0.15×土壤有效养分校正系数}{肥料中养分含量×肥料利用率}$$

2. 有关参数的确定

（1）目标产量：目标产量可采用平均单产法来确定。平均单产法是利用施肥区前 3 年平均单产和年递增率为基础确定目标产量，其计算公式是：

$$目标产量（千克/亩）＝（1＋递增率）×前 3 年平均单产（千克/亩）$$

一般粮食作物的递增率为 10%～15%，露地蔬菜为 20%，设施蔬菜为 30%。

（2）作物需肥量：通过对正常成熟的农作物全株养分的分析，测定各种作物百千克经济产量所需养分量，乘以目标产量即可获得作物需肥量。

$$作物目标产量所需养分量（千克）＝\frac{目标产量（千克）}{100}×百千克产量所需养分量（千克）$$

（3）土壤供肥量：土壤供肥量可以通过测定基础产量、土壤有效养分校正系数两种方法估算：

①通过基础产量估算（处理 1 产量）。不施肥区作物所吸收的养分量作为土壤供肥量。

$$土壤供肥量（千克）＝\frac{不施养分区农作物产量（千克）}{100}×百千克产量所需养分量$$

②通过土壤有效养分校正系数估算。将土壤有效养分测定值乘一个校正系数，以表达土壤"真实"供肥量。该系数称为土壤有效养分校正系数。

$$土壤有效养分校正系数（%）＝\frac{缺素区作物地上部分吸收该元素量（千克/亩）}{该元素土壤测定值（毫克/千克）×0.15}$$

（4）肥料利用率：一般通过差减法来计算，利用施肥区作物吸收的养分量减去不施肥区农作物吸收的养分量，其差值视为肥料供应的养分量，再除以所用肥料的养分量就是肥料利用率。

$$肥料利用率（%）＝\frac{\begin{array}{c}施肥区农作物吸收养分量（千克/亩）－\\缺素区农作物吸收养分量（千克/亩）\end{array}}{肥料施用量（千克/亩）×肥料中养分含量（%）}×100$$

上述公式以计算氮肥利用率为例来进一步说明。

施肥区（NPK 区）农作物吸收养分量（千克/亩）："3414"方案中处理 6 的作物总吸氮量；

缺氮区（PK 区）农作物吸收养分量（千克/亩）："3414"方案中处理 2 的作物总吸氮量；

肥料施用量（千克/亩）：施用的氮肥肥料用量；

肥料中养分含量（%）：施用的氮肥肥料所标明的含氮量。

如果同时使用了不同品种的氮肥，应计算所用的不同氮肥品种的总氮量。

（5）肥料养分含量：供施肥料包括无机肥料与有机肥料。无机肥料、商品有机肥料含量按其标明量，不明养分含量的有机肥料养分含量可参照当地不同类型有机肥养分平均含量获得。

第二节　测土配方施肥项目技术内容和实施情况

一、样品采集

石楼县 3 年（2009—2011 年）共采集土样 3 700 个，覆盖全县各个行政村所有耕地。

采样布点根据县土壤图，做好采样规划，确定采样点位→野外工作带上取样工具（土钻、土袋、调查表、标签、GPS 定位仪等）→联系村对地块熟悉的农户代表→到采样点位选择有代表性地块→GPS 定位仪定位→S 型取样→混样→四分法分样→装袋→填写内外标签→填写土样基本情况表的田间调查部分→访问土样点农户，填写土样基本情况表其他内容→土样风干→分析化验。同时根据要求填写 300 个农户施肥情况调查表。3 年累计采样任务是 3 700 个，全部完成。

二、田间调查

通过 3 年来对 300 户施肥效果跟踪调查，田间调查除采样表上所有内容外，还调查了该地块前茬作物、产量、施肥水平和灌水情况。同时定期走访农户，了解基肥和追肥的施用时间、施用种类、施用数量、灌水量、灌水次数、灌水时间。基本摸清了该调查户作物产量，氮、磷、钾养分投入量，氮、磷、钾比例，肥料成本及效益。完成了测土配方施肥项目要求的 300 户调查任务。

三、分析化验

土壤和植株测试是测土配方施肥最为重要的技术环节，也是制订肥料配方的重要依据。所有采集的 3 700 个土壤样品按规定的测试项目进行测试，其中大量元素 48 100 项次、中微量元素 9 100 项次，共测试 57 200 项次；采集植株样品 450 个，为制订施肥配方和田间试验提供了准确的基础数据。

测试方法简述：

（1）pH：土液比 1：2.5，采用电位法测定。

（2）有机质：采用油浴加热——重铬酸钾氧化容量法测定。

（3）全氮：采用凯氏蒸馏法测定。

（4）碱解氮：采用碱解扩散法测定。

（5）全磷：采用（选测 10％的样品）氢氧化钠熔融——钼锑抗比色法测定。

（6）有效磷：采用碳酸氢钠或氟化铵-盐酸浸提——钼锑抗比色法测定。

（7）全钾：采用氢氧化钠熔融——火焰光度计或原子吸收分光光度计法测定。

（8）有效钾：采用乙酸铵提取——火焰光度法测定。

（9）缓效钾：采用硝酸提取——火焰光度法测定。

（10）有效硫：采用磷酸盐-乙酸或氯化钙浸提——硫酸钡比浊法测定。

（11）阳离子交换量：采用（选测 10％的样品）EDTA-乙酸铵盐交换法测定。

（12）有效铜、锌、铁、锰：采用 DTPA 提取——原子吸收光谱法测定。

（13）有效钼：采用（选测 10％的样品）草酸-草酸铵浸提——极谱法测定。

（14）水溶性硼：采用沸水浸提——甲亚胺-H 比色法或姜黄素比色法测定。

四、田间试验

按照山西省土壤肥料工作站制订的"3414"试验方案，围绕谷子安排"3414"试验 34 个。并严格按农业部测土配方施肥技术规范要求执行。通过试验初步摸清了石楼县土壤养分校正系数、土壤供肥量、农作物需肥规律和肥料利用率等基本参数。建立了主要作物的氮磷钾肥料效应模型，确定了作物合理施肥品种和数量，基肥、追肥分配比例，最佳施肥时期和施肥方法，建立了施肥指标体系，为配方设计和施肥指导提供了科学依据。

谷子"3414"试验操作规程如下：

根据石楼县地理位置、肥力水平和产量水平等因素，确定"3414"试验的试验地点→县土壤肥料工作站农技人员承担试验→谷子播前召开专题培训会→试验地基础土样采集和调查→地块小区规划→不同处理按照方案施肥→播种→生育期和农事活动调查记载→收获期测产调查→小区植株全株采集→小区土样采集→小区产量汇总→室内考种→试验结果分析汇总→撰写试验报告。

五、配方制订与校正试验

在对土样认真分析化验的基础上，组织有关专家，汇总分析土壤测试和田间试验结果，综合考虑土壤类型、土壤质地、种植结构，分析气象资料和作物需肥规律，针对区域内的主要作物进行优化设计，提出不同分区的作物肥料配方，其中主体配方 17 个，在 2010—2012 年（项目是 2009—2011 年执行，试验是 2010—2012 年完成的），共安排校正试验 40 个。

六、配方肥加工与推广

依据配方，以单质、复混肥料为原料，生产或配制配方肥。主要采用两种形式，一是通过配方肥定点生产企业按配方加工生产配方肥，建立肥料营销网络和销售台帐，向农民供应配方肥；二是农民按照施肥建议卡所需肥料品种，选用肥料，科学施用。农业局提供肥料配方，山西省晨雨科技复合肥有限公司提供配方，通过县、乡、村三级科技推广网络和石楼县 60 余家定点供肥服务站进行供肥。三年全县推广应用配方肥 8 000 多吨，配方肥施用面积 76 万亩。

在推广配方肥上，具体做法：一是加大技术宣讲，把测土配方施肥、合理用肥、施用配方肥的优越性讲的家喻户晓，人人明白，并进村入户发放有关资料；二是石楼县建立 10 余个配方肥供应点，由县农业委员会统一制做牌，挂牌供应；三是在播种季节，农业委员会、农业技术推广中心组织全体技术人员，到各配方肥供应点，指导群众合理配肥，合理施用配方肥；四是搞好配方肥的示范，让事实说话。通过以上措施，有效地推动全县配方肥的应用，并取得明显的经济效益。

七、数据库建设与地力评价

在测土配方施肥数据库建设上，按照农业部规定的测土配方施肥数据字典格式建立数据库，以第二次土壤普查、耕地地力调查、历年土壤肥料田间试验和土壤检测数据资料为基础，收集整理了本次野外调查、田间试验和分析化验数据。委托山西农业大学资源环境学院建立土壤养分图和测土配方施肥数据库，并进行石楼县区域耕地地力评价。同时，开展了田间试验、土壤养分测试、肥料配方、数据处理、专家咨询系统等方面的技术研发工作，不断提升测土配方施肥技术水平。

八、技术推广应用

3 年来制作测土配方施肥建议卡 7 万份，其中 2009 年 4 万份，2010 年 2 万份，2011年 1 万份，通过乡村农技站，农业技术推广员发放到农户。发放配方施肥建议卡的具体做法：一是大村、科技示范村，利用农业技术培训会进行发放；二是利用发放粮食直补款进行发放；三是利用发放谷子丰产方良种补助发放；四是利用基层农业技术推广体系改革与建设示范县科技入户发放，确保建议卡全部发放到户。

在实施测土配方施肥项目的 3 年中，石楼县共举办各类技术培训班 300 场次，培训各类人员 5 000 人次，发放技术培训资料 10 万份，科技"赶集"10 次，召开现场会 3 次，宣挂各类宣传条幅、横幅 500 余条。

3 年累计建立万亩示范片 2 个，千亩示范片 6 个。有效地推动了配方肥的应用，取得了增产、节肥、增效的良好经济效益和生态效益。

九、专家系统开发

布置试验、示范，调整改进肥料配方，充实数据库，完善专家咨询系统，探索主要农作物的测土配方施肥模型，不仅做到缺啥补啥，而且必须保证"吃好不浪费"，进一步提高肥料利用率，节约肥料、降低成本，满足作物高产优质的需要。

第三节　主要作物不同区域测土配方施肥方案

根据土壤养分化验结果、田间试验结果、作物产量水平、农田基础条件，结合大量的农户施肥情况调查和施肥经验，制订了不同区域、不同产量水平的春谷子配方施肥方案。制订推荐施肥配方的原则：一是确定经济合理施肥量，优化施肥时期，采用科学施肥方法，提高肥料利用率；二是针对磷钾肥价格较高、供应紧张的形势，引导农民选择适宜的肥料品种，降低生产成本；三是鼓励多施有机肥料，提倡秸秆还田。

春谷子配方施肥总体方案如下：

1. 施肥方案　大配方的制订过程是：根据石楼县初步建立的谷子形成百千克籽粒所

需养分、肥料利用率、土壤养分校正系数等施肥参数，还有初步建立的石楼县施肥指标体系，提出了石楼县谷子总配方方案。

（1）高产区：产量≥300 千克/亩，N - P_2O_5 - K_2O 为 13 - 12 - 10 千克/亩。

（2）中产区：产量 250～300 千克/亩，N - P_2O_5 - K_2O 为 15 - 15 - 0 千克/亩。

（3）低产区：产量 200～250 千克/亩，N - P_2O_5 - K_2O 为 15 - 10 - 0 千克/亩。

2. 施肥方法　要采用科学的施肥方法：一是大力提倡化肥深施，坚决杜绝肥料撒施，基、追肥施肥深度要分别达到 20～25 厘米、5～10 厘米；二是施足底肥、合理追肥，一般有机肥、磷、钾及中微量元素肥料均作底肥，氮肥则分期施用；三是可灌溉的春谷子田氮肥 60%～70%底施、30%～40%追施；四是原则上氮肥全部底施，个别地块如需追肥，氮肥 80%底施、20%追施。

第七章 耕地地力调查与质量评价的应用研究

第一节 耕地资源合理配置研究

一、耕地数量平衡与人口发展配置研究

石楼县总面积 1 808 平方千米，其中，丘陵 39.8 平方千米，占总土地面积的 22%；平川 1.808 平方千米，占总土地面积的 1‰。2012 年，全县耕地总面积 41.42 万亩，其中农作物种植面积 39.02 万亩。全县总人口 11.58 万，其中农业人口 9.61 万人。耕地后备资源严重不足。从石楼县人民的生存和全县经济可持续发展的高度出发，采取措施，实现全县耕地总量动态平衡刻不容缓。

实际上，石楼县扩大耕地总量仍有很大潜力。只要合理安排、科学规划、集约利用，就完全可以兼顾耕地与建设用地的要求，实现社会经济的全面、持续发展。从控制人口增长、村级内部改造和居民点调整、退宅还田、开发复垦土地后备资源和废弃地等方面着手增大耕地面积。

二、耕地地力与粮食生产能力分析

（一）耕地粮食生产能力

耕地生产能力是决定粮食产量的重要因素之一。近年来，由于种植结构调整和建设用地、退耕还林还草等因素的影响，粮食播种面积在不断减少，而人口在不断增加，对粮食的需求量也在增加。保证全县粮食需求，挖掘耕地生产潜力已成为农业生产中的大事。

耕地的生产能力是由土壤本身肥力作用所决定的，其生产能力分为现实生产能力和潜在生产能力。

1. 现实生产能力 石楼县现有耕地面积为 41.42 万亩（包括已退耕还林及园林面积），而中低产田就有 37.92 万亩之多，占总耕地面积的 91.54%。这必然造成全县现实生产能力偏低的现状。再加之农民对施肥，特别是有机肥的忽视，以及耕作管理措施的粗放，这都是造成耕地现实生产能力不高的原因。2012 年，全县粮食播种面积为 39.02 万亩，粮食总产量为 11.89 万吨，亩产约 308 千克；油料作物播种面积 2.8 万亩，总产量为 0.56 万吨，平均亩产约 200 千克；蔬菜面积为 10 000 亩，总产量为 10 000 吨，亩产为 1 000 千克。见表 7-1。

表 7 - 1　石楼县 2012 年粮食产量统计

项目	播种面积（万亩）	总产量（万吨）	平均亩产（千克）
谷子	6.8	1.36	200
高粱	0.72	0.36	500
小麦	1.7	0.22	130
玉米	15.0	6.0	400
糜黍	5.0	1.25	250
薯类	4.0	1.2	300
豆类	2.0	0.2	100
蔬菜	1.0	1.0	1 000
油料	2.8	0.56	200
总计	39.02	11.89	

目前，石楼县耕地土壤有机质平均含量为 12.77 克/千克，全氮平均含量为 0.64 克/千克，有效磷平均含量为 8.42 毫克/千克，速效钾平均含量为 140.22 毫克/千克，缓效钾平均含量为 839.30 毫克/千克。

石楼县耕地总面积 41.42 万亩（包括退耕还林及园林面积），其中水浇地 1.6 万亩，占总耕地面积的 3.86%；旱地 39.82 万亩，占总耕地面积的 96.14%，旱地中坡耕地总面积 34.4 万亩，占总旱地面积的 86.4%。

2. 潜在生产能力　生产潜力是指在正常的社会秩序和经济秩序下所能达到的最大产量。从历史的角度和长期的利益来看，耕地的生产潜力是比粮食产量更为重要的粮食安全因素。

石楼县土地资源较为丰富，土质较好，光热资源充足。在全县现有耕地中，三级、四级、五级地占总耕地面积 78%，其亩产大于 500 千克。经过对全县地力等级的评价得出，41.42 万亩耕地以全部种植粮食作物计，其粮食最大生产能力为 28 994 万千克，平均单产可达 700 千克/亩，全县耕地仍有很大的的生产潜力可挖。

纵观石楼县近年来的粮食、油料、蔬菜作物的平均亩产量和全县农民对耕地的经营状况，全县耕地还有巨大的生产潜力可挖。如果在农业生产中加大有机肥的投入，采取平衡施肥措施和科学合理的耕作技术，全县耕地的生产能力还可以提高。从近几年全县对谷子配方施肥观察点经济效益的对比来看，配方施肥区较习惯施肥区的增产率都在 12% 左右，甚至更高。如果能进一步提高农业投入比重，提高劳动者素质，下大力气加强农业基础建设，特别是农田水利建设，稳步提高耕地综合生产能力和产出能力，实现农林牧的结合，就能增加农民经济收入。

（二）不同时期人口、食品构成和粮食需求分析预测

农业是国民经济的基础，粮食是关系国计民生和国家自立与安全的特殊产品。从新中国成立初期到现在，全县人口数量、食品构成和粮食需求都在发生着巨大变化。新中国成立初期，居民食品构成主要以粮食为主，也有少量的肉类食品，水果、蔬菜的比重很小。随着社会进步、生产的发展，人民生活水平逐步提高。到 20 世纪 80 年代初，居民食品构成依然以粮食为主，但肉类、禽类、油料、水果、蔬菜等的比重均有了较大提高。到 2012 年，全县人口增至 11.58 万，居民食品构成中，粮食所占比重有明显下降，然而肉类、禽蛋、水产品、乳制品、油料、水果、蔬菜、食糖占有比重提高。

石楼县粮食人均需求按国际通用粮食安全 400 千克计，全县人口自然增长率以 5‰ 计，2015 年，全县共有人口 11.75 万人，全县粮食需求总量预计将达 4.7 万吨。

石楼县粮食生产还存在着巨大的增长潜力。随着资本、技术、劳动投入、政策、制度 等条件的逐步完善，全县粮食的产出与需求平衡，不会出现问题。

（三）粮食安全警戒线

粮食是人类生存和社会发展最重要的产品，是具有战略意义的特殊商品，粮食安全不 仅是国民经济持续健康发展的基础，也是社会安定、国家安全的重要组成部分。近年来， 随着农资价格上涨、种粮效益低等因素影响，农民种粮积极性不高，全县粮食单产徘徊不 前，所以必须对全县的粮食安全问题给予高度重视。

2011 年，石楼县的人均粮食占有量为 315 千克，而当前国际公认的粮食安全警戒线标 准为年人均 400 千克。相比之下，石楼县人均粮食占有量仍处于粮食安全警戒线标准之下。

三、耕地资源合理配置意见

在确保粮食生产安全的前提下，优化耕地资源利用结构，合理配置其他作物占地比 例。为确保粮食安全需要，对全县耕地资源进行如下配置：全县现有 41.42 万亩耕地中， 其中 31.7 万亩用于种植谷子、玉米、糜黍、薯类等粮食作物，以满足全县人口对粮食的 需求；其余 7.32 万亩耕地用于蔬菜、水果、油料、豆类等杂粮作物生产，其中瓜菜地 1 万亩，占用耕地面积的 2.4%；水果占地 3.52 万亩，占用耕地总面积的 8.5%；其他油料 等作物占地 2.8 万亩，占用总耕地面积的 6.8%。

根据《土地管理法》和《基本农田保护条例》划定石楼县基本农田保护区，将水利条 件、土壤肥力条件好，自然生态条件适宜的耕地划为口粮和粮食生产基地，严禁占用。在 耕地资源利用上，必须坚持基本农田总量平衡的原则。一是建立完善的基本农田保护制 度，用法律保护耕地；二是明确各级政府在基本农田保护中的责任，严控占用保护区内耕 地，严格控制城乡建设用地；三是实行基本农田损失补偿制度，实行谁占用、谁补偿的原 则；四是建立监督检查制度，严厉打击无证经营和乱占耕地的单位和个人；五是建立基本 农田保护基金，县政府每年投入一定资金用于基本农田建设，大力挖潜存量土地；六是合 理调整用地结构，用市场经营利益导向调控耕地。

同时，在耕地资源配置上，要以粮食生产安全为前提，以农业增效、农民增收为目 标，逐步提高耕地质量，调整种植业结构，推广优质农产品，应用优质高效、生态安全栽 培技术，提高耕地利用率。

第二节　耕地地力建设与土壤改良利用对策

一、耕地地力现状及特点

耕地质量包括耕地地力和土壤环境质量两个方面，本次调查与评价主要是针对耕地地力。经过历时 3 年的调查分析，基本查清了全县耕地地力现状与特点。

石楼县耕地土壤有机质含量在 4.57～35.90 克/千克，平均值为 12.77 克/千克，属四级水平；全氮含量在 0.27～1.29 克/千克，平均值为 0.64 克/千克，属五级水平；有效磷含量在 3.66～21.42 毫克/千克，平均值为 8.42 毫克/千克，属五级水平；速效钾含量在 70.6～296.73 毫克/千克，平均值为 140.22 毫克/千克，属四级水平；缓效钾含量在 132.02～1 380.37 克/千克，平均值为 839.30 毫克/千克，属三级水平；有效锰含量在 2.81～37.33 毫克/千克，平均值为 10.94 毫克/千克，属三级水平；有效锌含量在 0.14～4.49 毫克/千克，平均值为 1.17 毫克/千克，属三级水平；有效铁含量在 0.59～11.34 毫克/千克，平均值为 4.16 毫克/千克，属五级水平；有效铜含量在 0.32～3.25 毫克/千克，平均值为 1.12 毫克/千克，属三级水平；有效硼含量在 0.04～1.20 毫克/千克，平均值为 0.31 毫克/千克，属五级水平。

二、存在主要问题及原因分析

(一) 中低产田面积相对较大

据调查，石楼县共有中低产田面积 37.92 万亩，占耕地总面积的 91.54%，按主导障碍因素，石楼县中低产田共分为干旱灌溉型、瘠薄培肥型和坡地梯改型 3 类。其中干旱灌溉型 2.11 万亩，占耕地总面积的 5.09%；瘠薄培肥型 32.29 万亩，占耕地总面积的 77.96%；坡地梯改型 3.52 万亩，占耕地总面积的 8.49%。

中低产田面积大、类型多。主要原因：一是自然条件恶劣，石楼县地形复杂，山、川、沟、垣、墕俱全，水土流失严重；二是农田基本建设投入不足，中低产田改造措施不力；三是农民耕地施肥投入不足，尤其是有机肥施用量仍处于较低水平。

(二) 耕地地力不足，耕地生产率低

石楼县耕地虽然经过排、灌、路、林综合治理，农田生态环境不断改善，耕地单产、总产呈现上升趋势。但近年来，农业生产资料价格一再上涨，农业成本较高，甚至出现种粮赔本现象，大大挫伤了农民种粮的积极性。部分农民通过增施氮肥取得产量，耕作粗放，结果致使土壤结构变差，造成土壤养分恶性循环。

(三) 施肥结构不合理

作物每年从土壤中带走大量养分，主要是通过施肥来补充。因此，施肥直接影响到土壤中各种养分的含量。近几年在施肥上存在的问题，突出表现在"五重五轻"。第一，重经济作物、轻粮食作物。第二，重复混肥料、轻专用肥料，随着我国化肥市场的快速发展，复混（合）肥异军突起，其应用对土壤养分的变化也有影响，许多复混（合）肥杂而不专，农民对其依赖性较大，而对于自己所种作物需什么肥料、土壤缺什么元素，底子不清，导致盲目施肥。第三，重化肥使用、轻有机肥使用，近些年来，农民将大部分有机肥施于菜田，特别是优质有机肥，而占很大比重的耕地有机肥却施用不足。第四，重氮磷肥、轻钾肥。第五，重大量元素肥、轻中微量元素肥。

三、耕地培肥与改良利用对策

（一）多种渠道提高土壤肥力

1. 增施有机肥，提高土壤有机质 近年来，由于农家肥来源不足和化肥的发展，全县耕地有机肥施用量不够。可以通过以下措施加以解决。一是广种饲草，增加畜禽，以牧养农；二是大力种植绿肥，种植绿肥是培肥地力的有效措施，可以采用粮肥间作或轮作制度；三是大力推广秸秆直接粉碎翻压还田，这是目前增加土壤有机质最有效的方法。

2. 合理轮作，挖掘土壤潜力 不同作物需求养分的种类和数量不同，根系深浅不同，吸收各层土壤养分的能力不同，各种作物遗留残体成分也有较大差异。因此，通过不同作物合理轮作倒茬，保障土壤养分平衡。要大力推广粮、油轮作，谷子、大豆立体间套作等技术模式，实现土壤养分协调利用。

（二）巧施氮肥

速效性氮肥极易分解，通常施入土壤中的氮素化肥的利用率只有 25%～50%，或者更低。这说明施入土壤中的氮素，挥发渗漏损失严重。所以在施用氮肥时一定要注意施肥量、施肥方法和施肥时期，提高氮肥利用率，减少损失。

（三）重施磷肥

石楼县地处黄土高原，属石灰性土壤，土壤中的磷常被固定，而不能发挥肥效。加上长期以来群众重氮轻磷，作物吸收的磷得不到及时补充。试验证明，在缺磷土壤上增施磷肥增产效果明显，可以增施人粪尿、畜禽肥等有机肥，其中的有机酸和腐殖酸能促进非水溶性磷的溶解，提高磷素的活力。

（四）因地施用钾肥

石楼县土壤中钾的含量虽然在短期内不会成为限制农业生产的主要因素，但随着农业生产的进一步发展和作物产量的不断提高，土壤中有效钾的含量也会处于不足状态，所以在生产中，应定期检测土壤中钾的动态变化，及时补充钾素。

（五）重视施用微肥

微量元素肥料，作物的需要量虽然很少，但对提高农产品产量和品质却有大量元素不可替代的作用。据调查，全县土壤硼、锌、铁等含量均不高，谷子和小麦施锌试验，增产效果很明显。

（六）因地制宜，改良中低产田

石楼县中低产田面积比较大，影响了耕地地力水平。因此，要从实际出发，分类配套改良技术措施，进一步提高全县耕地地力质量。

四、成果应用与典型事例

根据农业部统一部署，石楼县围绕促进粮食增产和农民增收，紧紧抓住秋、冬季生产关键季节，认真做好测土配方施肥工作，抢前抓早、扎实推进，取得了很大成效。以和合乡为代表，在和合乡农技员马瑞来的带领下，和合乡的测土配方施肥工作得到了良好的开展，现将具体做法典型材料介绍如下。

1. 宣传培训 举办培训班 5 次，培训技术骨干 20 人，培训农民 2 000 人，培训经销人员 20 人，发放培训资料 6 000 份，发放施肥建议卡 4 000 份。电台广播宣传 3 次，攥写简报 2 期，举办"科技赶集" 3 次、现场会 4 次、举挂墙体广告（条、横幅） 15 条。

2. 采样分析情况 动用 20 人次、10 车次，完成采样 120 个，调查 16 户施肥农户。

检验土样 120 个、检验 1 454 次，其中包括大量元素 600 次、中微量元素 840 次、其他项目 14 次。

3. 田间试验情况 田间"3415"试验 1 个，"3415"试验小区 1 个；配方校正试验 1 个，小区总数 4 个；示范展示 15 个，小区总数 22 个。

4. 示范推广成效 推广 3 万亩，覆盖 13 个村委，涉及 2 225 户农户。采用 3 个配方，共施肥 100 吨。施肥面积 2 000 亩，覆盖 74 个自然村，涉及农户 300 户。

5. 配方肥在玉米上的应用面积 玉米施肥总面积 2 万亩。习惯施肥 1 万亩，其中每亩施有机肥 500 千克、N 为 80 千克、P_2O_5 为 70 千克、K_2O 为 2 千克，亩单产 240 千克。测土配方施肥 1 万亩，其中每亩施有机肥 500 千克、N 为 30 千克、P_2O_5 为 30 千克、K_2O 为 7 千克，单产 257 千克，亩节本 14.4 元，亩增产 17 千克，亩增收 34 元，亩节本增效 39.7 元，总节本增效 39.7 万元，总增产 17 万千克，总增收 34 万元。

第三节 农业结构调整与适宜性种植

近些年来，石楼县农业的发展和产业结构调整工作取得了突出的成绩，但干旱胁迫严重、土壤肥力有所减退、抗灾能力薄弱、生产结构不良等问题，仍然十分严重。因此，为适应 21 世纪我国农业发展的需要，增强石楼县优势农产品参与国际市场竞争的能力，有必要进一步对全县的农业结构现状进行战略性调整，从而促进全县高效农业的发展，实现农民增收。

一、农业结构调整的原则

为适应我国社会主义农业现代化的需要，在调整种植业结构中，遵循下列原则：

一是以与国际农产品市场接轨，增强全县农产品在国际、国内经济贸易的竞争力为原则。

二是以充分利用不同区域的生产条件、技术装备水平及经济基地条件，达到趋利避害、发挥优势的调整原则。

三是以充分利用耕地评价成果，正确处理作物与土壤、作物与作物间的合理调整为原则。

四是采用耕地资源信息管理系统，为区域结构调整的可行性提供宏观决策与技术服务的原则。

五是保持行政村界线基本完整的原则。

根据以上原则，在今后一段时间内将紧紧围绕农业增效、农民增收这个目标，大力推进农业结构战略性调整，最终提升农产品的市场竞争力，促进农业生产向区域化、优质化、产业化发展。

二、农业结构调整的依据

通过本次对石楼县种植业布局现状的调查，综合验证，认识到目前的种植业布局还存在许多问题，需要在区域内部加大调整力度，进一步提高生产力和经济效益。

根据此次耕地质量的评价结果，安排全县的种植业内部结构调整，应依据不同地貌类型耕地综合生产能力和土壤环境质量两方面的综合考虑，具体为：

一是按照不同的地貌类型，因地制宜规划，在布局上做到宜农则农、宜林则林、宜牧则牧。

二是按照耕地地力评价出1～5个等级标准，以各个地貌单元中所代表面积的数值衡量，以适宜作物发挥最大生产潜力来分布，做到高产高效作物分布在1～3级耕地为宜，中低产田应在改良中调整。

三是按照土壤环境的污染状况，在面源污染、点源污染等影响土壤健康的障碍因素中，以污染物质及污染程度确定，做到该退则退，该治理的采取消除污染源及土壤降解措施，达到无公害、绿色产品的种植要求，来考虑作物种类的布局。

三、土壤适宜性及主要限制因素分析

石楼县土壤因成土母质不同，土壤质地也不一致，发育在黄土及黄土状母质上的土壤质地多是较轻而均匀的壤质土，心土及底土层为黏土。总的来说，石楼县的土壤大多为壤质，沙黏含量比较适合，在农业上是一种质地理想的土壤，其性质兼有沙土和黏土之优点，而克服了沙土和黏土之缺点。它既有一定数量的大孔隙，还有较多的毛管孔隙，故通透性好，保水保肥性强，耕性好，宜耕期长，好提苗，发小苗又养老苗。

因此，综合以上土壤特性，石楼县土壤适宜性强，谷子、小麦、杂粮等粮食作物及经济作物，如蔬菜、药材，都适宜在石楼县种植。

但种植业的布局除了受土壤质地作用外，还要受到地理位置、水分条件等自然因素和经济条件的限制。在山地、丘陵等地区，由于此地区沟壑纵横，土壤肥力较低，土壤较干旱，气候凉爽，农业经济条件也较为落后，因此要在管理好现有耕地的基础上，将人力、资金和技术逐步转移到非耕地的开发上，大力发展林、牧业，建立农、林、牧结合的生态体系，使其成为林、牧产品的生产基地。在平原地区，由于土地平坦，水源较丰富，是石楼县土壤肥力较高的区域，同时其经济条件及农业现代化水平也较高，故应充分利用地理、经济、技术优势，在不放松粮食生产的前提下，积极开展多种经营，实行粮、菜、水果全面发展。

在种植业的布局中，必须充分考虑到各地的自然条件、经济条件，合理利用自然资源。对布局中遇到的各种限制因素，应考虑到它影响的范围和改造的可行性，合理布局生产，最大限度地、持久地发掘自然的生产潜力，做到地尽其力。

四、种植业布局分区建议

根据石楼县种植业结构调整的原则和依据，结合本次耕地地力调查与质量评价结果，石楼县主要为玉米、小杂粮种植生产区，将石楼县划分为小杂粮优势产业区，分区概述。

（一）玉米区

该区分布在高海拔区，海拔为 1 000 米，包括灵泉镇、罗村、龙交乡等乡（镇）。耕地地力评阶为 1～4 级地（含 4 级地），区域耕地面积 193 472.6 亩，占总耕地面积的 46.7%。

1. 区域特点 该区域海拔高，年平均气温 9.2℃，年平均日照时数 2 715.1 小时，无霜期 168 天，年平均降水量 532.1 毫米，主要集中在 8～10 月。属暖温带半干旱大陆性季风气候，农业生产水平较高，一年一作。该区土壤耕性良好，成土母质多为河流洪积-冲积性黄土状物质，土壤肥力高，适种性广，是石楼县主要产粮区。种植作物主要有谷子、玉米等农作物。

该区域耕地土壤有机质含量变化为 4.57～35.90 克/千克，平均值为 12.77 克/千克，属四级水平；全氮含量变化为 0.27～1.29 克/千克，平均值为 0.64 克/千克，属五级水平；有效磷含量变化为 3.66～21.42 毫克/千克，平均值为 8.42 毫克/千克，属五级水平；速效钾含量变化为 70.6～296.73 毫克/千克，平均值为 140.22 毫克/千克，属四级水平；缓效钾含量变化为 132.02～1 380.37 克/千克，平均值为 839.30 毫克/千克，属三级水平；有效锰含量变化为 2.81～37.33 毫克/千克，平均值为 10.94 毫克/千克，属三级水平；有效锌含量变化为 0.14～4.49 毫克/千克，平均值为 1.17 毫克/千克，属三级水平；有效铁含量变化为 0.59～11.34 毫克/千克，平均值为 4.16 毫克/千克，属五级水平；有效铜含量变化为 0.32～3.25 毫克/千克，平均值为 1.12 毫克/千克，属三级水平；有效硼含量变化为 0.04～1.20 毫克/千克，平均值为 0.31 毫克/千克，属五级水平。

2. 发展方向 该区以建设玉米生产基地为主攻方向。

3. 主要保证措施

（1）加大土壤培肥力度，全面推广多种形式秸秆还田，以增加土壤有机质，改良土壤理化性状。

（2）注重作物合理轮作，坚决杜绝连茬多年的习惯。

（3）全力以赴搞好基地建设，通过标准化建设、模式化管理、无害化生产技术应用，使基地取得明显的经济效益和社会效益。

（二）小杂粮区

该区分布在高海拔区，海拔为 800 米，包括义牒镇、小蒜镇、和合乡、裴沟乡等乡（镇）。耕地地力评阶为 3～4 级地（含 4 级地），区域耕地面积 191 491.3 亩，占总耕地面积的 46%。

1. 区域特点 该区域海拔高，年平均气温 9.4℃，年平均日照时数 2 835.1 小时，无霜期 181 天，年平均降水量 532.1 毫米，主要集中在 8～10 月。属暖温带半干旱大陆性季风气候，农业生产水平较高，一年一作。该区土壤耕性良好，成土母质多为河流洪积—冲积性黄土状物质，土壤肥力高，适种性广，是石楼县主要产粮区。种植作物主要有谷子、玉米等农作物。

该区域耕地土壤有机质含量变化为 4.57～35.90 克/千克，平均值为 12.77 克/千克，属四级水平；全氮含量变化为 0.27～1.29 克/千克，平均值为 0.64 克/千克，属五级水平；有效磷含量变化为 3.66～21.42 毫克/千克，平均值为 8.42 毫克/千克，属五级水平；速效钾含量变化为 70.6～296.73 毫克/千克，平均值为 140.22 毫克/千克，属四级水平；缓效钾含量变化为 132.02～1 380.37 克/千克，平均值为 839.30 毫克/千克，属三级水平；有效锰含量变化为 2.81～37.33 毫克/千克，平均值为 10.94 毫克/千克，属二级水平；有效锌含量变化为 0.14～4.49 毫克/千克，平均值为 1.17 毫克/千克，属三级水平；有效铁含量变化为 0.59～11.34 毫克/千克，平均值为 4.16 毫克/千克，属五级水平；有效铜含量变化为 0.32～3.25 毫克/千克，平均值为 1.12 毫克/千克，属三级水平；有效硼含量变化为 0.04～1.20 毫克/千克，平均值为 0.31 毫克/千克，属五级水平。

2. 发展方向　该区以建设谷子生产基地为主攻方向。

3. 主要保证措施

（1）加大土壤培肥力度，全面推广多种形式秸秆还田，以增加土壤有机质，改良土壤理化性状。

（2）注重作物合理轮作，坚决杜绝连茬多年的习惯。

（3）全力以赴搞好基地建设，通过标准化建设、模式化管理、无害化生产技术应用，使基地取得明显的经济效益和社会效益。

第四节　耕地质量管理对策

耕地地力调查与质量评价成果为石楼县耕地质量管理提供了依据，为耕地质量管理决策的制订打下了基础，成为全县农业可持续发展的核心内容。

一、建立依法管理体制

（一）工作思路

以发展优质高效、生态、安全农业为目标，以耕地质量动态监测管理为核心，满足人民日益增长的农产品需求。

（二）建立完善行政管理机制

1. 制订总体规划　坚持"因地制宜、统筹兼顾，局部调整、挖掘潜力"的原则，制订全县耕地地力建设与土壤改良利用总体规划，实行耕地用养结合，划定中低产田改良利用范围和重点，分区制订改良措施，严格统一组织实施。

2. 建立依法保障体系　制订并颁布《石楼县耕地质量管理办法》，设立专门的监测管理机构，县、乡、村三级设定专人监督指导，分区布点，建立监控档案，依法检查污染区域项目治理工作，确保工作高效到位。

3. 加大资金投入　县政府要加大资金支持力度，县财政每年从农发资金中列支专项资金，用于全县中低产田改造和耕地污染区域综合治理，建立财政支持下的耕地质量信息网络，推进工作有效开展。

（三）强化耕地质量技术实施

1. 提高土壤肥力　组织县、乡农业技术人员实地指导，组织农户合理轮作，平衡施肥，安全施药、施肥，推广秸秆还田、种植绿肥、施用生物菌肥，多种途径提高土壤肥力，降低土壤污染，提高土壤质量。

2. 改良中低产田　实行分区改良、重点突破。灌溉改良区重点抓好灌溉配套设施的改造、节水浇灌、挖潜增灌、扩大浇水面积。丘陵、山区中低产区要广辟肥源，深耕保墒，轮作倒茬，粮草间作，扩大植被覆盖率，修整梯田，达到增产增效的目标。

二、建立和完善耕地质量监测网络

随着石楼县工业化进程的不断加快，工业污染日益严重，在重点工业生产区域建立耕地质量监测网络已迫在眉睫。

1. 设立组织机构　耕地质量监测网络建设，涉及到环保、土地、水利、经贸、农业等多个部门，需要县政府协调支持，成立依法行政管理机构。

2. 配置监测机构　由县政府牵头，各职能部门参与，组建石楼县耕地质量监测领导组，在县环保局下设办公室，设定专职领导与工作人员，建立企业治污工程体系，制订工作细则和工作制度，强化监测手段，提高行政监测效能。

3. 加大宣传力度　采取多种途径和手段，加大《环保法》宣传力度，在重点污排企业及周围乡村印刷宣传广告，大力宣传环境保护政策及科普知识。

4. 监测网络建立　在全县依据这次耕地质量调查评价结果，划定安全、非污染、轻污染、中度污染、重污染五大区域，每个区域确定 10～20 个点，定人、定时、定点取样监测检验，填写污染情况登记表，建立耕地质量监测档案。对污染区域的污染源，要查清原因，由县耕地质量监测机构依据检测结果，强制污染企业限期限时达标治理。对未能限期达标企业，一律实行关停整改，达标后方可生产。

5. 加强农业执法管理　由县农业、环保、质检行政部门组成联合执法队伍，宣传农业法律知识，对化肥、农药实行市场统一监控、统一发布，将假冒农用物资一律依法查封销毁。

6. 改进治污技术　对不同污染企业采取烟尘、污水、污碴分类科学处理转化。对工业污染河道及周围农田，采取有效物理、化学降解技术，降解铅、镉及其他重金属污染物，并在河道两岸 50 米栽植花草、林木，净化河水、美化环境。对化肥、农药污染农田，要划区治理，积极利用农业科研成果，组成科技攻关组，引进降解试剂，逐步消解污染物。

7. 推广农业综合防治技术　在增施有机肥降解大田农药、化肥及垃圾废弃物污染的同时，积极宣传推广微生物菌肥，以改善土壤的理化性状，改变土壤溶液酸碱度，改善土壤团粒结构，减轻土壤板结，提高土壤保水、保肥性能。

三、农业税费政策与耕地质量管理

农业税费改革政策的出台必将极大调整农民的粮食生产积极性，成为耕地质量恢复与提高的内在动力，对全县耕地质量的提高具有以下几个作用。

1. 加大耕地投入，提高土壤肥力 目前，全县丘陵面积大，中低产田分布区域广，粮食生产能力较低。税费改革政策的落实有利于提高单位面积耕地养分投入水平，逐步改善土壤养分含量，改善土壤理化性状，提高土壤肥力，保障粮食产量恢复性增长。

2. 改进农业耕作技术，提高土壤生产性能 农民积极性的调动，成为耕地质量提高的内在动力，将促进农民平田整地、耙耱保墒，加强耕地机械化管理，缩减中低产田面积，提高耕地地力等级水平。

3. 采用先进农业技术，增加农业比较效益 采取有机旱作农业技术，合理优化适栽技术，加强田间管理，节本增效，提高农业比较效益。

农民以田为本、以田谋生，农业税费政策出台以后，土地属性发生变化，耕地由有偿支配变为无偿使用，成为农民家庭财富的一部分，对农民增收和国家经济发展将起到积极的推动作用。

四、扩大无公害农产品生产规模

在国际农产品质量标准市场一体化的形势下，扩大石楼县无公害农产品生产成为满足社会消费需求和农民增收的关键。

（一）理论依据

综合评价结果，耕地无污染的占100%，适合生产无公害农产品，适宜发展绿色农业生产。

（二）扩大生产规模

在石楼县发展绿色、无公害农产品，扩大生产规模，要以耕地地力调查与质量评价结果为依据，充分发挥区域比较优势，合理布局、规模调整。一是在粮食生产上，在全县发展5万亩无公害谷子、糜黍、豆类、马铃薯；二是在蔬菜生产上，发展无公害蔬菜1万亩；三是在水果生产上，发展无公害酥梨、葡萄等1万亩。

（三）配套管理措施

1. 建立组织保障体系 设立石楼县无公害农产品生产领导组，下设办公室，地点在县农业委员会。组织实施项目列入县政府工作计划，单列工作经费，由县财政负责执行。

2. 加强质量检测体系建设 成立县级无公害农产品质量检验技术领导组，县、乡下设两级监测检验的网点，配备设备及人员，制订工作流程，强化监测检验手段，提高检测检验质量，及时指导生产基地技术推广工作。

3. 制订技术规程 组织技术人员建立石楼县无公害农产品生产技术操作规程，重点抓好平衡施肥，合理施用农药，细化技术环节，实现标准化生产。

4. 打造绿色品牌 重点打造好无公害粮食、蔬菜、水果等绿色品牌农产品的生产经营。

五、加强农业综合技术培训

自 20 世纪 80 年代起，石楼县就建立起县、乡、村三级农业技术推广网络。由县农业技术推广中心牵头，搞好技术项目的组织与实施，负责划区技术指导。行政村配备 1 名科技副村长，在全县设立农业科技示范户。先后开展了谷子等作物和水果、蔬菜优质高产高效生产技术培训，推广了旱作农业、秸秆覆盖、地膜覆盖、"双千创优"工程及设施农业"四位一体"综合配套技术。

现阶段，石楼县农业综合技术培训工作一直保持领先，有机旱作、测土配方施肥、生态沼气、无公害蔬菜生产技术推广已取得明显成效。充分利用这次耕地地力调查与质量评价，主抓以下几方面技术培训：①宣传加强农业结构调整与耕地资源有效利用的目的及意义。②全县中低产田改造和土壤改良相关技术推广。③耕地地力环境质量建设与配套技术推广。④绿色、无公害农产品生产技术操作规程。⑤农药、化肥安全施用技术培训。⑥农业法律、法规，环境保护相关法律的宣传培训。

通过技术培训，使石楼县农民掌握必要的知识与生产实用技术，推动耕地地力建设，提高农业生态环境、耕地质量环境的保护意识，发挥主观能动性，不断提高全县耕地地力水平，以满足日益增长的人口对物资生活的需求，为全面建设小康社会打好农业发展基础平台。

第五节　耕地资源信息管理系统的应用

耕地资源信息管理系统以一个县行政区域内的耕地资源为管理对象，应用 GIS 技术，对辖区内的地形、地貌、土壤、土地利用、农田水利、土壤污染、农业生产基本情况、基本农田保护区等资料进行统一管理，构建耕地资源基础信息系统。并将其数据平台与各类管理模型结合，对辖区内的耕地资源进行系统的动态管理。为农业决策、农民和农业技术人员提供耕地质量动态变化规律、土壤适宜性、施肥咨询、作物营养诊断等多方位的信息服务。

本系统行政单元为村，农业单元为基本农田保护块，土壤单元为土种，系统基本管理单元为土壤、基本农田保护块、土地利用现状图叠加所形成的评价单元。

一、领导决策依据

本次耕地地力调查与质量评价直接涉及耕地自然要素、环境要素、社会要素及经济要素 4 个方面，为耕地资源信息管理系统的建立与应用提供了依据。通过对全县生产潜力评价、适宜性评价、土壤养分评价、科学施肥、经济性评价、地力评价及产量预测，及时指导农业生产的发展，为农业技术推广应用作好信息发布，为用户需求分析及信息反馈打好基础。主要依据：一是全县耕地地力水平和生产潜力评估为农业发展远期规划和全面建设小康社会提供了保障。二是耕地质量综合评价，为领导提供了耕地保护和污染修复的基本思路，为建立和完善耕地质量检测网络提供了方向。三是耕地土壤适宜性及主要限制因素分析为全县农业调整提供了依据。

二、动态资料更新

本次石楼县耕地地力调查与质量评价，耕地土壤生产性能主要包括地形部位、土体构型、较稳定的物理性状、易变化的化学性状、农田基础建设 5 个方面。耕地地力评价标准体系与 1984 年土壤普查技术标准出现部分变化，耕地要素中基础数据有大量变化，为动态资料更新提供了新要求。

（一）耕地地力动态资料内容更新

1. 评价技术体系有较大变化　本次调查与评价主要运用了"3S"评价技术。在技术方法上，采用文字评述法、专家经验法、模糊综合评价法、层次分析法、指数和法。在技术流程上，应用了叠加法确定评价单元，空间数据与属性数据相连接。采用特尔菲法和模糊综合评价法，确定评价指标。应用层次分析法确定各评价因子的组合权重。用数据标准化计算各评价因子的隶属函数并将数值进行标准化。应用了累加法计算每个评价单元的耕地地力综合评价指数，分析综合地力指数，分别划分地力等级。将评价的地力等级归入农业部地力等级体系，采取 GIS、GPS 系统编绘各种养分图和地力等级图等图件。

2. 评价内容有较大变化　除原有地形部位、土体构型等基础耕地地力要素相对稳定以外，土壤物理性状、易变化的化学性状、农田基础建设等要素变化较大，尤其是土壤容重、有机质、pH、有效磷、速效钾指数变化明显。

3. 增加了耕地质量综合评价体系　土样、水样化验检测结果为全县绿色、无公害农产品基地建立和发展提供了理论依据。图件资料的更新变化，为今后全县农业宏观调控提供了技术准备，空间数据库的建立为全县农业综合发展提供了数据支持，加速了全县农业信息化快速发展。

（二）动态资料更新措施

结合本次耕地地力调查与质量评价，全县及时成立技术指导组，确定专门技术人员，从土样采集、化验分析、数据资料整理编辑、计算机网络连接畅通，保证了动态资料更新及时、准确，提高了工作效率和质量。

三、耕地资源合理配置

（一）目的意义

多年来，石楼县耕地资源盲目利用、低效开发、重复建设情况十分严重，随着农业经济发展方向的不断延伸，农业结构调整缺乏借鉴技术和理论依据。这次耕地地力调查与质量评价成果对指导全县耕地资源合理配置，逐步优化耕地利用质量水平，对提高土地生产性能和产量水平具有现实意义。

石楼县耕地资源合理配置思路是：以确保粮食生产安全为前提，以耕地地力质量评价成果为依据，以统筹协调发展为目标，用养结合、因地制宜、内部挖潜，发挥耕地最大生产效益。

（二）主要措施

1. 加强组织管理，建立健全工作机制　县政府要组建耕地资源合理配置协调管理工作体系，由农业、土地、环保、水利、林业等职能部门分工负责、密切配合、协同作战。技术部门要抓好技术方案制订和技术宣传培训工作。

2. 加强农田环境质量检测，抓好布局规划　将企业列入耕地质量检测范围。企业要加大资金投入和技术改造力度，降低"三废"对周围耕地的污染，因地制宜大力发展绿色、无公害农产品优势生产基地。

3. 加强耕地保养利用，提高耕地地力　依照耕地地力等级划分标准，划定石楼县耕地地力分布界限，推广平衡施肥技术，加强农田水利基础设施建设，平田整地、淤地打坝。加强中低产田改良，植树造林，扩大植被覆盖面，防止水土流失，提高梯（园）田化水平。采用机械耕作，加深耕层，熟化土壤，改善土壤理化性状，提高土壤保水保肥的能力。划区制订技术改良方案，将全县耕地地力水平分级划分到村、到户，建立耕地改良档案，定期定人检查验收。

4. 重视粮食生产安全，加强耕地利用和保护管理　根据石楼县农业发展远景规划目标，要十分重视耕地利用保护与粮食生产之间的关系。人口不断增长、耕地逐年减少，要解决好建设与吃饭的关系，合理利用耕地资源，实现耕地总面积动态平衡，解决人口增长与耕地之间的矛盾，实现农业经济和社会可持续发展。

总之，耕地资源配置，主要是各土地利用类型在空间上的整体布局。另一层含义是指同一土地利用类型在某一地域中是分散配置还是集中配置。耕地资源空间分布结构折射出其地域特征，而合理的空间分布结构可在一定程度上反映自然生态和社会经济系统间的协调程度。耕地的配置方式，对耕地产出效益的影响截然不同，经过合理配置，农村耕地相对规模集中，既利于农业管理，又利于减少投工投资，耕地的利用率将有较大提高。

一是严格执行《基本农田保护条例》，增加土地投入，大力改造中低产田，使农田数量与质量稳步提高。二是果园地面积要适当调整，淘汰劣质果园，发展优质果品生产基地。三是林草地面积适量增长，加大"四荒"拍卖开发力度，种草植树，力争森林覆盖率达到 30%，牧草面积占到耕地面积的 2% 以上。四是搞好河道、滩涂地有效开发，增加可利用耕地面积。五是加大小流域综合治理，在搞好耕地整治规划的同时，治山治坡、改土造田，基本农田建设与农业综合开发结合进行。六是要采取措施，严控企业占地，严控农村宅基地占用一级、二级耕田，加大废旧砖窑和农村废弃宅基地的返田改造，盘活耕地存量调整，"开源"与"节流"并举。七是加快耕地使用制度改革，实行耕地使用证发放制度，促进耕地资源的有效利用。

四、土、肥、水、热资源管理

（一）基本状况

石楼县耕地自然资源包括土、肥、水、热资源。它是在一定的自然和农业经济条件下逐渐形成的，其利用及变化均受到自然、社会、经济、技术条件的影响和制约。自然条件是耕地利用的基本要素。热量与降水是气候条件最活跃的因素,对耕地资源影响较为深刻,不仅影响耕地资源类型的形成,更重要的是直接影响耕地的开发程度、利用方式、作物种植、耕作制度等方面。土壤肥力则是耕地地力与质量水平基础的反映。

1. 光热资源　石楼县属属暖温带半干旱大陆性季风气候,四季分明,冬季寒冷干燥,夏季雨量集中。石楼县年平均气温 9.2℃,年平均日照时数 2 715.1 小时,无霜期 168 天。

2. 降水与水文资源　石楼县全年平均降水量为 532.1 毫米左右,不同地形间雨量分布规律不同,石楼县冬夏受到不同性质气团的控制,产生明显的盛行风交替交换。冬季以西北气流为主,盛行偏北风;夏季西北气流开始减弱,盛行偏南风。年度间全县降水量差异较大,降水量季节性分布明显,主要集中在 8~10 月。

3. 土壤肥力水平　石楼县耕地地力平均水平中等,依据《山西省中低产田类型划分与改良技术规程》,分析评价单元耕地土壤主要障碍因素,将全县耕地地力等级划分为 1~5 级,土壤以灰褐土和性土为主,属典型的黄土高原农业区。根据 1985 年土壤普查,全县土壤养分平均值为,有机质 4~9.8 克/千克、全氮 0.45~0.6 克/千克、有效磷 400~600 毫克/千克、速效钾 93 毫克/千克。

(二) 管理措施

在石楼县建立土壤、肥力、水、热资源数据库,依照不同区域土、肥、水、热状况,分类分区划定区域,设立监控点位,定人、定期填写检测结果,编制档案资料,形成有连续性的综合数据资料,有利于指导全县耕地地力恢复性建设。

五、科学施肥体系和灌溉制度的建立

(一) 科学施肥体系建立

石楼县平衡施肥工作起步较早,最早始于 20 世纪 70 年代末定性的氮磷配合施肥,80 年代初为半定量的初级配方施肥。90 年代以来,有步骤定期开展土壤肥力测定,逐步建立了适合全县不同作物、不同土壤类型的施肥模式。在施肥技术上,提倡"增施有机肥,稳施氮肥,增施磷肥,补施钾肥,配施微肥和生物菌肥"。

根据石楼县耕地地力调查结果看,土壤有机质含量有所上升,平均含量为 12.77 克/千克,属省四级水平,比第二次土壤普查的 7.1 克/千克,提高了 5.67 克/千克;全氮平均含量 0.64 克/千克,属省五级水平,比第二次土壤普查的 0.33 克/千克,提高了 0.33 克/千克;有效磷平均含量 8.42 毫克/千克,属省五级水平,比第二次土壤普查 5.8 毫克/千克,提高了 2.62 毫克/千克;速效钾平均含量为 140.22 毫克/千克,属省四级水平,比第二次土壤普查 125.4 毫克/千克,提高了 14.82 毫克/千克。

1. 调整施肥思路　以节本增效为目标,立足抗旱栽培,着力提高肥料利用率,采取"稳氮、增磷、补钾、配微"原则,坚持有机肥与无机肥相结合,合理调整养分比例,按耕地地力与作物类型分期供肥,科学施用。

2. 施肥方法

(1) 因土施肥:不同土壤类型保肥、供肥性能不同。对全县丘陵区旱地,土壤的土体构型为通体壤或"蒙金型",一般将肥料作基肥一次施用效果最好。对沙土、夹沙土等构型土壤，肥料特别是钾肥应少量多次施用。

（2）因品种施肥：肥料品种不同，施肥方法也不同。对碳酸氢铵等易挥发性化肥，必须集中深施并覆盖土，一般深度为10～20厘米，硝态氮肥易流失，宜作追肥，不宜大水漫灌；尿素为高浓度中性肥料，作底肥和叶面喷肥效果最好，在旱地做基肥集中条施。磷肥易被土壤固定，常作基肥和种肥，要集中沟施，且忌撒施土壤表面。

（3）因苗施肥：对基肥充足，作物生长旺盛的田块，要少量控制氮肥，少追或推迟追肥时期；对基肥不足，作物生长缓慢田块，要施足基肥，多追或早追氮肥；对后期生长旺盛的田块，要控氮、补磷、施钾。

3. 选定施用时期　因作物选定施肥时期。小麦追肥宜选在拔节期；叶面喷肥选在孕穗期和扬花期；谷子追肥宜选在拔节期和大喇叭口期，同时可采用叶面喷施锌肥；棉花追肥选在蕾期和花铃期。

在作物喷肥时间上，要看天气施用，要选无风、晴朗天气，早上8～9点以前或下午4点以后喷施。

4. 选择适宜的肥料品种和合理的施用量施肥　在品种选择上，增施有机肥、高温堆沤积肥、生物菌肥；严格控制硝态氮肥施用，忌在忌氯作物上施用氯化钾，提倡施用硫酸钾肥，补施铁肥、锌肥、硼肥等微量元素化肥。在化肥用量上，要坚持无害化施用原则。一般菜田，亩施腐熟农家肥2 000～3 000千克、尿素25～30千克、磷肥40千克、钾肥10～15千克。日光温室以番茄为例，一般亩产5 000千克，亩施有机肥3 000千克、氮肥（N）25千克、磷（P_2O_5）23千克，钾（K_2O）16千克，配施适量硼、锌等微量元素。

（二）灌溉制度的建立

石楼县为贫水区之一，目前能灌溉的耕地很少，主要采取抗旱节水灌溉措施。

旱地节水灌溉模式：主要包括，一是旱地耕作模式，即深翻耕作、加深耕层、平田整地、提高园（梯）田化水平；二是保水纳墒技术模式，即地膜覆盖、秸秆覆盖、蓄水保墒、高灌引水、节水管灌等配套技术措施，提高旱地农田水分利用率。

（三）体制建设

在石楼县建立科学施肥与灌溉制度，农业、技术部门要严格细化相关施肥技术方案，积极宣传和指导。林业部门要加大荒坡、荒山植树植被，营造绿色环境，改善气候条件，提高年际降水量。农业环保部门要加强基本农田及水污染的综合治理，改善耕地环境质量和灌溉水质量。

六、信息发布与咨询

耕地地力与质量信息发布与咨询，直接关系到耕地地力水平的提高，关系到农业结构调整与农民增收目标的实现。

（一）体系建立

以县农业技术部门为依托，在省、市农业技术部门的支持下，建立耕地地力与质量信息发布咨询服务体系。建立相关数据资料展览室，将全县土壤、土地利用、农田水利、土壤污染、基本农业田保护区等相关信息融入计算机网络之中。充分利用县、乡两级农业信息服务网络，对辖区内的耕地资源进行系统的动态管理，为农业生产和结构调整做好耕地质量动态变化、土壤适宜性、施肥咨询、作物营养诊断等多方位的信息服务。在乡（镇）建立专门试验示范生产区，专业技术人员要做好协助指导管理，为农户提供技术、市场、物资供求信息，定期记录监测数据，实现规范化管理。

（二）信息发布与咨询服务

1. 农业信息发布与咨询　重点抓好谷子、小麦、蔬菜、水果、中药等适栽品种供求动态、适栽管理技术、无公害农产品化肥和农药科学施用技术、农田环境质量技术标准的入户宣传，编制通俗易懂的文字、图片发放到每家每户。

2. 开辟空中课堂抓宣传　充分利用覆盖全县的电视传媒信号，定期做好专题资料宣传，并设立信息咨询服务电话热线，及时解答和解决农民提出的各种疑难问题。

3. 组建农业耕地环境质量服务组织　在全县乡（镇）村选拔科技骨干，统一组织耕地地力与质量建设技术培训，组成农业耕地地力与质量管理服务队，建立奖罚机制，鼓励他们谏言献策，提供耕地地力与质量建设方面的信息和技术思路，服务于全县农业发展。

4. 建立和完善执法管理机构　成立由县国土、环保、农业等行政部门组成的综合行政执法决策机构，加强对全县农业环境的执法保护。开展农资市场打假，依法保护利用土地，监控企业污染，净化农业发展环境。同时配合宣传相关法律、法规，让群众家喻户晓，自觉接受社会监督。

附表 吕梁市土壤分类（土种）与 山西省分类（土种）归属

吕梁市		山西省	
土壤代号	名　称	土种代号	名　称
001	中厚层沙质壤土花岗片麻岩质山地草甸土	Ma.1.244	麻沙质潮毡土
002	中厚层沙质壤土石英沙岩质山地草甸土	Ma.1.245	硅质潮毡土
003	中厚层沙质壤土黄土质山地草甸土	Ma.1.248	潮毡土
004	中厚层沙质壤土花岗片麻岩质棕壤	A.a.1.001	麻沙质林土
005	薄层沙质壤土石英沙岩质棕壤	A.a.2.002	落硅质林土
006	中厚层沙质壤土石英沙岩质棕壤	A.a.2.002	落硅质林土
007	薄层沙质壤土石灰岩质棕壤	A.a.4.004	薄灰泥质林土
008	中厚层沙质壤土石灰岩质棕壤	A.a.4.005	灰泥质林土
009	中厚层沙质壤土砂页岩质棕壤	A.a.3.003	沙泥质林土
010	中厚层沙质壤土黄土质棕壤	A.a.5.006	黄土质林土
011	耕种中厚层沙质壤土黄土质棕壤	A.a.5.007	耕黄土质林土
012	薄层壤质沙土花岗片麻岩质棕壤性土	A.b.1.009	落麻沙质棕土
013	薄层沙质壤土石英沙岩质棕壤性土	A.b.3.013	硅质棕土
014	薄层沙质壤土石灰岩质棕壤性土	A.b.5.016	薄灰泥质棕土
015	薄层沙质壤土沙页岩质棕壤性土	A.b.4.014	落沙泥质棕土
016	薄层沙质壤土花岗片麻岩质淋溶褐土	B.c.1.0 046	薄麻沙质淋土
017	中厚层沙质壤土花岗片麻岩质淋溶褐土	B.c.1.0 047	麻沙质淋土
018	薄厚层沙质壤土石英沙岩质淋溶褐土	B.c.4.053	落硅质淋土
019	中厚层沙质壤土石英沙岩质淋溶褐土	B.c.4.054	硅质淋土
020	薄层沙质壤土石英沙岩质淋溶褐土	B.c.6.058	落灰泥质淋土
021	薄层沙质壤土砂页岩质淋溶褐土	B.c.5.055	落沙泥质淋土
022	中厚层沙质壤土砂页岩质淋溶褐土	B.c.5.056	沙泥质淋土
023	中厚层沙质壤土黄土质淋溶褐土	B.c.7.062	黄淋土
024	耕种中厚层沙质壤土黄土质淋溶褐土	B.c.7.063	耕黄淋土
025	中厚层沙质壤土花岗片麻岩质淋溶褐土性土	B.e.1.070	麻沙质立黄土
026	中厚层沙质壤土石英沙质淋溶褐土性土	B.e..2.075	沙泥质立黄土
027	薄层沙质壤土石灰岩质淋溶褐土性土	B.e..3.078	落砾灰泥质立黄土
028	中厚层沙质壤土石灰岩质溶褐土性土	B.e.3.080	灰泥质立黄土
029	薄层沙质壤土砂页岩质褐土性土	B.e.2.073	薄沙灰泥质立黄土
030	中厚层沙质壤土砂页岩质淋溶褐土性土	B.e.2.075	沙灰泥质立黄土
031	薄层沙质壤土黄土质褐土性土	B.e.4.083	薄立黄土

吕梁市		山西省	
土壤代号	名　称	土种代号	名　称
032	沙质壤土黄土质褐土性土	B. e. 4. 085	立黄土
033	耕种沙质壤土黄土质褐土性土	B. e. 4. 089	耕立黄土
034	黏壤土红黄土质褐土性土	B. e. 5. 105	二合红立黄土
035	耕种黏壤土红黄土质褐土性土	B. e. 5. 106	耕二合红立黄土
036	耕种沙质壤土黑垆土质褐土性土	B. e. 6. 110	耕黑立黄土
037	耕种沙质壤土坡积褐土性土	B. e. 4. 089	耕立黄土
038	耕种沙质壤土沟淤褐土性土	B. e. 8. 124	沟淤土
039	耕种沙质壤土深位黏层沟淤褐土性土	B. e. 8. 127	夹黑沟淤土
040	耕种沙质壤土洪积褐土性土	B. e. 7. 112	耕洪立黄土
041	耕种沙质壤土浅位沙砾石层洪积褐土性土	B. e. 7. 114	夹砾洪立黄土
042	耕种沙质壤土深位沙砾石层洪积褐土性土	B. e. 7. 115	底砾洪立黄土
043	耕种沙质壤土黄土质石灰性褐土	B. b. 1. 027	浅黏垣黄垆土
044	耕种沙质壤土浅位弱黏化层黄土质石灰性褐土	B. b. 1. 026	深黏垣黄垆土
045	耕种沙质壤土深位弱黏化层黄土质石灰性褐土	B. b. 1. 026	深黏垣黄垆土
046	耕种黏壤土洪积石灰性褐土	B. b. 5. 041	二合洪黄垆土
047	耕种沙质黏黄土状石灰性褐土	B. b. 3. 032	二合黄垆土
048	耕种沙质壤土浅位弱黏化层黄土质石灰性褐土	B. b. 3. 030	深黏黄垆土
049	耕种沙质壤土深位弱黏化层黄土质石灰性褐土	B. b. 3. 032	二合黄垆土
050	薄层沙质壤土花岗片麻岩质淡栗褐土	D. a. 1. 167	薄层沙质栗黄土
051	中厚层沙质壤土花岗片麻岩质淡栗褐土	D. a. 1. 168	麻沙质栗黄土
052	薄层沙质壤土石英沙岩质淡栗褐土	D. a. 3. 171	薄沙泥质栗黄土
053	中厚层沙质壤土石英沙岩质淡栗褐土	D. a. 3. 172	沙泥质栗黄土
054	薄层沙质壤土石灰岩质淡栗褐土	D. a. 4. 173	薄灰泥质栗黄土
055	中厚层沙质壤土石灰岩质淡栗褐土	D. a. 4. 174	灰泥质栗黄土
056	薄层沙质壤土沙页岩质淡栗褐土	D. a. 3. 171	薄沙泥质栗黄土
057	中厚层沙质壤土砂页岩质淡栗褐土	D. a. 3. 172	沙泥质栗黄土
058	中厚层沙质壤土黄土质淡栗褐土	D. b. 1. 194	淡栗黄土
059	耕种中厚层沙质壤土黄土质淡栗褐土	D. b. 1. 195	耕淡栗黄土
060	黏壤土红黄土质淡栗褐土	D. b. 2. 198	二合红淡栗黄土
061	黏壤土少沙姜红黄土质淡栗褐土	D. b. 2. 198	二合红淡栗黄土
062	耕种壤土红黄土质淡栗褐土	D. b. 2. 197	红淡栗黄土
063	耕种沙质黏壤土沙姜红黄土质淡栗褐土	D. b. 2. 199	少姜红淡栗黄土
064	耕种沙质壤土黑垆土质淡栗褐土	D. b. 3. 200	黑淡栗黄土
065	沙质黏壤土坡积淡栗褐土	D. b. 2. 198	二合红淡栗黄土

吕梁市		山西省	
土壤代号	名　称	土种代号	名　称
066	耕种沙质黏壤土坡积淡栗褐土	D. b. 5. 206	二合红淡栗黄土
067	耕种沙质壤土浅位沙砾石层沟淤淡栗褐土	D. b. 5. 205	底砾洪淡栗黄土
068	耕种沙质壤土沟淤淡栗褐土	D. b. 5. 204	洪淡栗黄土
069	耕种沙质黏壤土深位沙砾石层沟淤淡栗褐土	D. b. 5. 204	洪淡栗黄土
070	耕种黏壤土沟淤淡栗褐土	D. b. 5. 207	底砾二合洪淡栗黄土
071	耕种沙质黏壤土洪积淡栗褐土	D. b. 5. 206	二合洪淡栗黄土
072	耕种沙质壤土黄土状淡栗褐土	D. b. 5. 204	洪淡栗黄土
073	中厚层沙质壤土黄土质栗褐土	D. b. 5. 206	二合洪淡栗黄土
074	耕种中厚层沙质壤土黄土质栗褐土	D. b. 4. 201	卧淡栗黄土
075	耕种沙质壤土浅位弱黏化黄土质褐土	D. a. 5. 175	栗黄土
076	耕种沙质黏壤土深位弱黏化层黄土质栗褐土	D. a. 5. 176	耕栗黄土
077	耕种沙质壤土黄土状栗褐土	D. a. 5. 176	耕栗黄土
078	耕种沙质壤土深位沙砾石层黄土状栗褐土	D. a. 5. 178	耕二合栗黄土
079	耕种沙质壤土浅位弱黏化层黄土状栗褐土	D. a. 7. 184	卧栗黄土
080	耕种沙质壤土深位弱黏化层黄土状栗褐土	D. a. 7. 184	卧栗黄土
081	薄层沙质壤土花岗片麻岩质粗骨土	D. a. 7. 184	卧栗黄土
082	薄层沙质壤土石英沙岩质粗骨土	D. a. 7. 184	卧栗黄土
083	薄层沙质壤土石英岩质粗骨土	K. a. 1. 232	薄麻渣土
084	薄层沙质壤土砂页岩质粗骨土	K. a. 5. 240	白沙渣土
085	壤土黄土质黄绵土	K. b. 1. 241	薄灰渣土
086	耕种沙质壤土黄土质黄绵土	K. a. 4. 237	薄沙渣土
087	耕种沙质黏壤土少沙姜黄土质黄绵土	E. a. 1. 210	绵黄土
088	壤质黏土少沙姜红土质红黏土	E. a. 1. 211	耕绵黄土
089	耕种壤质黏土少沙姜红土质红黏土	E. a. 1. 212	耕少姜绵黄土
090	耕种壤质沙土冲积石灰性新积土	F. a. 1. 215	小瓣红土
091	耕种沙质壤土冲洪积脱潮土	F. a. 1. 216	耕小瓣红土
092	耕种沙质壤土浅位沙砾石层冲洪积脱潮土	G. a. 1. 218	耕沙河漫土
093	耕种沙质壤土深位沙砾石层冲洪积脱潮土	N. b. 2. 292	洪脱潮土
094	耕种壤质黏土冲洪积脱潮土	N. b. 2. 292	洪脱潮土
095	沙质壤土洪积潮土	N. b. 2. 292	洪脱潮土
096	耕种沙质壤土冲洪积潮土	N. b. 2. 294	黏洪脱潮土
097	耕种沙质壤土浅位黏层冲洪积潮土	N. a. 20 268	洪潮土
098	耕种沙质壤土深位黏层冲洪积潮土	N. a. 2. 269	耕洪潮土
099	耕种壤土冲洪积潮土	N. a. 2. 273	蒙金洪潮土

（续）

吕梁市		山西省	
土壤代号	名　称	土种代号	名　称
100	耕种壤土浅位黏层冲洪积潮土	N. a. 2. 274	底黏洪潮土
101	耕种壤土深位黏层冲洪积潮土	N. a. 2. 269	耕洪潮土
102	耕种沙质黏壤土浅位沙砾石层冲洪积潮土	N. a. 2. 273	蒙金洪潮土
103	耕种沙质黏壤土深位沙砾石层冲洪积潮土	N. a. 2. 274	底黏洪潮土
104	耕种沙质黏壤土浅位沙层冲洪积潮土	N. a. 2. 276	夹砾二合洪潮土
105	耕种壤质黏土冲洪积潮土	N. a. 2. 277	底砾二合洪潮土
106	耕种壤质黏土浅位壤层冲洪积潮土	N. a. 2. 276	夹砾二合洪潮土
107	耕种壤质黏土深位壤层冲洪积潮土	N. a. 2. 278	黏洪潮土
108	耕种沙质壤土冲洪积湿潮土	N. a. 2. 278	黏洪潮土
109	耕种沙质壤土浅位沙砾石层冲洪积湿潮土	N. a. 2. 278	黏洪潮土
110	耕种沙质壤土轻度硫酸盐化潮土	N. c. 1. 295	潮湿土
111	耕种壤土轻度硫酸盐化潮土	N. c. 1. 295	潮湿土
112	耕种壤土浅位黏层轻度硫酸盐盐化潮土	N. d. 1. 297	耕轻白盐潮土
113	耕种沙质壤土浅位沙层轻度硫酸盐盐化潮土	N. d. 1. 297	耕轻白盐潮土
114	耕种粉沙质黏土轻度硫酸盐盐化潮土	N. d. 1. 297	耕轻白盐潮土
115	耕种壤质黏土浅位沙层轻度硫酸盐盐化潮土	N. d. 1. 297	耕轻白盐潮土
116	耕种沙质壤土中度硫酸盐盐化潮土	N. d. 1. 300	黏轻白盐潮土
117	耕种沙质壤土深位黏层中度硫酸盐盐化潮土	N. d. 1. 300	黏轻白盐潮土
118	耕种沙质壤土重度硫酸盐盐化潮土	N. d. 1. 302	耕中白盐潮土
119	耕种粉沙质壤土重度硫酸盐盐化潮土	N. d. 1. 302	耕重白盐潮土
120	耕种沙质黏壤土重度硫酸盐盐化潮土	N. d. 1. 307	耕重白盐潮土
121	耕种壤质黏土重度硫酸盐盐化潮土	N. d. 1. 307	耕重白盐潮土
122	耕种沙质壤土轻度氯化物盐化潮土	N. d. 1. 307	耕重白盐潮土
123	耕种沙质壤土中度氯化物盐化潮土	N. d. 1. 310	黏重白盐潮土
124	耕种粉沙质壤土中度氯化物盐化潮土	N. d. 2. 313	轻盐潮土
125	耕种沙质壤土重度氯化物盐化潮土	N. d. 2. 316	中盐潮土
126	耕种沙质壤土重度氯化物盐化潮土	N. d. 2. 316	中盐潮土
127	中厚层沙质壤土黄土质淡栗褐土	N. d. 2. 317	重盐潮土
128	耕种中厚层沙质壤土黄土质淡栗褐土	N. d. 2. 317	重盐潮土

图书在版编目（CIP）数据

石楼县耕地地力评价与利用 / 康宇主编. —北京：
中国农业出版社，2019.6
ISBN 978-7-109-25427-5

Ⅰ.①石… Ⅱ.①康… Ⅲ.①耕作土壤－土壤肥力－
土壤调查－石楼县②耕作土壤－土壤评价－石楼县 Ⅳ.
①S159.225.4②S158.2

中国版本图书馆 CIP 数据核字（2019）第 071739 号

中国农业出版社出版
（北京市朝阳区麦子店街 18 号楼）
（邮政编码 100125）
责任编辑 杨桂华

中农印务有限公司印刷 新华书店北京发行所发行
2019 年 6 月第 1 版 2019 年 6 月北京第 1 次印刷

开本：787mm×1092mm 1/16 印张：8.25 插页：1
字数：200 千字
定价：80.00 元
（凡本版图书出现印刷、装订错误，请向出版社发行部调换）

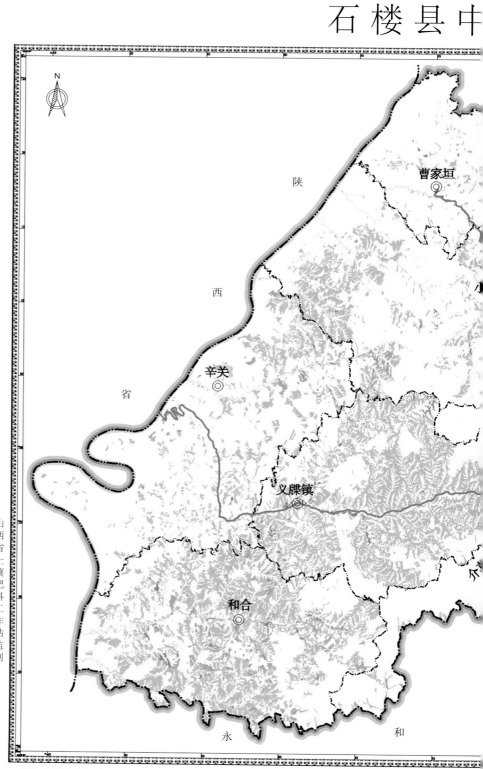

陕

西

省

曹家垣 ◎

辛关 ◎

义牒镇 ◎

和合 ◎

永　　　　　　和

山西省土壤肥料工作站监制
山西农业大学资源环境学院承制
二○二二年十二月

1980 年西安坐标系
1956 年黄海高程系
高斯—克吕格投影

低产田分布图

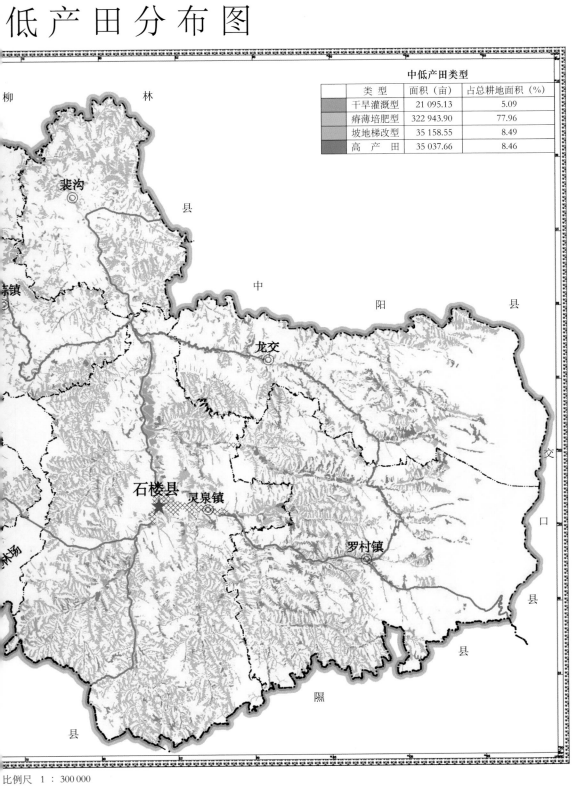

中低产田类型		
类 型	面积（亩）	占总耕地面积（%）
干旱灌溉型	21 095.13	5.09
瘠薄培肥型	322 943.90	77.96
坡地梯改型	35 158.55	8.49
高 产 田	35 037.66	8.46

柳 林 县

裴沟

镇

中 阳 县

龙交

交

口

县

石楼县 灵泉镇

林场

罗村镇

县

隰 县

县

比例尺 1：300 000